JN281649

原 康夫・近桂一郎・丸山瑛一・松下 貢 編集

裳華房フィジックスライブラリー

結晶成長

慶應義塾大学名誉教授
理学博士
齋藤幸夫 著

裳華房

CRYSTAL GROWTH

by

Yukio SAITO, Dr. Sc.

SHOKABO

TOKYO

編 集 趣 旨

「裳華房フィジックスライブラリー」の刊行に当り，その編集趣旨を説明します．

最近の科学技術の進歩とそれにともなう社会の変化は著しいものがあります．このように新しい知識が急増し，また新しい状況に対応することが必要な時代に求められるのは，個々の細かい知識よりは，知識を実地に応用して問題を発見し解決する能力と，生涯にわたって新しい知識を自分のものとする能力です．このためには，基礎になる，しかも精選された知識，抽象的に物事を考える能力，合わせて数理的な推論の能力が必要です．このときに重要になるのが物理学の学習です．物理学は科学技術の基礎にあって，力，エネルギー，電場，磁場，エントロピーなどの概念を生み出し，日常体験する現象を定性的に，さらには定量的に理解する体系を築いてきました．

たとえば，ヨーヨーの糸の端を持って落下させるとゆっくり落ちて行きます．その理由がわかると，それを糸口にしていろいろなことを理解でき，物理の面白さがわかるようになってきます．

しかし，物理はむずかしいので敬遠したくなる人が多いのも事実です．物理がむずかしいと思われる理由にはいくつかあります．そのひとつは数学です．数学では $48 \div 6 = 8$ ですが，物理の速さの計算では $48 \mathrm{m} \div 6 \mathrm{s} = 8 \mathrm{m/s}$ となります．実用になる数学を身につけるには，物理の学習の中で数学を学ぶのが有効な方法なのです．この"メートル"を"秒"で割るという一見不可能なようなことの理解が，実は，数理的推論能力養成の第1歩なのです．

一見，むずかしそうなハードルを越す体験を重ねて理解を深めていくところに物理学の学習の有用さがあり，大学の理工系学部の基礎科目として物理

が最も重要である理由があると思います．

　受験勉強では暗記が有効なように思われ，必ずしもそれを否定できません．ただ暗記したことは忘れやすいことも事実です．大学の勉強でも，解く前に問題の答を見ると，それで多くの事柄がわかったような気持になるかもしれません．しかし，それでは，考えたり理解を深めたりする機会を失います．20世紀を代表する物理学者の1人であるファインマン博士は，「問題を解いて行き詰まった場合には，答をチラッと見て，ヒントを得たらまた自分で考える」という方法を薦めています．皆さんも参考にしてみてください．

　将来の科学技術を支えるであろう学生諸君が，日常体験する自然現象や科学技術の基礎に物理があることを理解し，物理的な考え方の有効性と物理の面白さを体験して興味を深め，さらに物理を応用する能力を養成することを目指して企画したのが本シリーズであります．

　裳華房ではこれまでも，その時代の要求を満たす物理学の教科書・参考書を刊行してきましたが，物理学を深く理解し，平易に興味深く表現する力量を具えた執筆者の方々の協力を得て，ここに新たに，現代にふさわしい基礎的参考書のシリーズを学生諸君に贈ります．

　本シリーズは以下の点を特徴としています．

- 基礎的事項を精選した構成
- ポイントとなる事項の核心をついた解説
- ビジュアルで豊富な図
- 豊富な［例題］，［演習問題］とくわしい［解答］
- 主題にマッチした興味深い話題の"コラム"

　このような特徴を具えたこのシリーズが，理工系学部で最も大切な物理の学習に役立ち，学生諸君のよき友となることを確信いたします．

編 集 委 員 会

まえがき

　本書は結晶成長という，大学の講義ではあまりなじみのないテーマを主題とした本である．

　我々の身の周りで目にする結晶は，空から降ってくる雪であり，冬窓に張る霜であり，冷蔵庫の氷である．しかし，我々も骨や歯という結晶を作っている．貝殻や真珠も結晶である．そして，多くの宝石もまた結晶である．これら自然界で作られる結晶がどういう環境を経て作られ成長してきたかを知るのが，結晶成長の科学のテーマである．

　また我々はあまり意識していないかも知れないが，いろいろな結晶に取り囲まれている．車のボディーは鉄であり，電線の芯は銅やアルミであり，パソコンを代表とするいろいろな電気製品に入っているマイクロチップは半導体結晶から作られている．そして，これらの結晶は人間が工業的に作り出している．どういう具合に結晶成長を制御すれば，鉄には強度を，半導体には純度を与えられるのかが結晶成長の技術のテーマである．

　本書は，この結晶成長の科学技術の基礎に，熱力学，統計力学という物理があることを理解してもらうのが一つの目的である．また，熱力学や統計力学を学んだ後，それが具体的にどのように物理現象に適用されるのかを学ぶことで，それらの物理の理解がより深まるものと期待する．さらに，結晶成長という言葉からもわかるように，それが対象とするものは時間変化する巨視系であり，非平衡統計物理や形態形成といった新しい物理への案内にもなるだろう．

　結晶成長は，液体や気体といった秩序をもたない相から，結晶という秩序をもって原子が整然と並んだ相へと変化する過程なので，本書では，まず相転移に関する熱力学から復習する．この相変化は，無秩序な母相の中に小さ

な結晶相の部分が現れ，それが少しずつ広がっていく．つまり，結晶は小さく生まれて大きく育っていくので，生物の成長になぞらえて結晶成長とよばれるわけである．しかし結晶と生物の成長が根本的に違うのは，生物が外から取り入れた栄養を体内で処理し，体の中から大きくなっていくのに対し，結晶は外から表面に物質を積み上げていく点である．そこで表面の様子が結晶成長の仕方に影響する．また，表面に物質を運んでこなければならないので，この輸送現象も結晶成長を支配する要因となる．そして，これが実は霜や雪などの複雑な形を生み出す原因となる．

本書では，上に述べた結晶成長の基本ストーリーを，物理の普遍的な見方に基づいて説明する．その際，数式はできるだけ初等的な範囲に抑え，図の助けを得ながら，計算も一つ一つ追え，物理の理解もできるように心がけた．その目的が達成されていれば幸いである．なお，添字や記号が多いので，それらの意味を索引の前に表としてまとめ，読者の便宜をはかった．

本書の執筆に際しては，本シリーズの編集委員である松下 貢教授と丸山瑛一教授に原稿を読んで頂き，数々の厳しく貴重で意義あるご意見を頂いた．また，名古屋大学の上羽牧夫助教授には日頃の共同研究を通して数々のご教示を頂いている．北海道大学の古川義純助教授には雪，氷に関する多数の疑問にお答え頂いた．京都大学の宮地英紀助教授には貴重なコメントを頂いた．そして，慶應義塾大学の日向裕幸教授には日頃より幾多のお教えと励ましを頂いた．ここに記して，上記の方々に感謝とお礼の意を表したい．なお，本書の中に説明不足，誤りなどがあれば，それはひとえに筆者の力が足りないためであり，ご指摘頂ければ幸いである．

2002 年 10 月

齋藤幸夫

目 次

1. 相変化の熱力学

§1.1 エネルギー，エントロピー，
自由エネルギー ・・・・・1
§1.2 化学ポテンシャル ・・・・・5
§1.3 2相平衡 ・・・・・・・・8
§1.4 潜熱と1次相転移 ・・・・10
§1.5 結晶化の駆動力 ・・・・・11
演習問題 ・・・・・・・・・・12

2. 結晶の誕生

§2.1 準安定状態からの核生成 ・16
§2.2 界面自由エネルギー ・・・17
§2.3 臨界核 ・・・・・・・・18
§2.4 均一核形成 ・・・・・・22
§2.5 臨界核の形，平衡形 ・・24
§2.6 界面張力のバランスと
ヘリングの関係式 ・・・27
§2.7 不均一核形成 ・・・・・31
§2.8 幾何学的選別 ・・・・・36
演習問題 ・・・・・・・・・37

3. 理想的成長

§3.1 融液成長 ・・・・・・・42
§3.2 気相成長 ・・・・・・・45
§3.3 溶液成長 ・・・・・・・48
§3.4 成長形 ・・・・・・・・50
§3.5 晶相変化と晶癖変化 ・・・53
演習問題 ・・・・・・・・・・55

4. 表面構造とラフニング

§4.1 テラス，ステップ，キンク 58
§4.2 結晶化とは ・・・・・・59
§4.3 ラフニング転移とステップ
自由エネルギー ・・・・62

§4.4 結晶の表面自由エネルギー 67
§4.5 ステップ間相互作用 ・・・72
§4.6 カイネティク係数 ・・・・72
演習問題 ・・・・・・・・・・73

5. 表面カイネティクス

§5.1 2次元核形成 ・・・・・・81
§5.2 2次元核形成による結晶成長
　　速度 ・・・・・・・・・83
§5.3 らせん転位 ・・・・・・86
§5.4 渦巻き成長による結晶成長
　　速度 ・・・・・・・・・87
演習問題 ・・・・・・・・・・89

6. 界面不安定性と形態形成

§6.1 マリンズ-セケルカ不安定性
　　・・・・・・・・・・・91
§6.2 過冷却融液からの結晶成長
　　—熱伝導方程式— ・・・93
§6.3 平らな界面の成長 ・・95
§6.4 球状結晶の成長 ・・・・97
§6.5 針状結晶
　　—イヴァンツォフの解— ・101
§6.6 フラクタル結晶 ・・・・103
§6.7 表面張力の効果 ・・・・105
§6.8 規則的樹枝状結晶
　　—速度選択則— ・・・・108
演習問題 ・・・・・・・・・・111

7. エピタキシャル成長

§7.1 エピタキシャル成長・・・113
§7.2 表面拡散・・・・・・・115
§7.3 拡散方程式・・・・・・118
§7.4 特異面の成長・・・・・120
§7.5 エーリッヒ-シュウェーベル
　　効果とマウンド不安定性 122
§7.6 微斜面の成長・・・・・124
演習問題 ・・・・・・・・・・129

問・演習問題解答・・・・・・・・・・132
あとがき・・・・・・・・・・・・・149

付　表 ・・・・・・・・・・・・・・・・・・・・・151
索　引 ・・・・・・・・・・・・・・・・・・・・・155

コ　ラ　ム

擬似液体層 ・・・・・・・・・・・・・・・15
塩・砂糖・チョコレート ・・・・・・・・・・41
成長形と原子 ・・・・・・・・・・・・・・57
表面緩和と表面再構成 ・・・・・・・・・・80
電子顕微鏡と走査トンネル顕微鏡（STM）・・・・90
雪は天からの手紙 ・・・・・・・・・・・・112
ステップ・バンチングと交通渋滞 ・・・・・・131

1 相変化の熱力学

結晶成長というのは，液体や気体という巨視的状態（相）の物質が結晶または固体という別の巨視的状態（相）へ変化する相変化の一例である．そこで，この最初の章では巨視的物質の物理的，化学的性質を記述する熱力学と相転移の性質について復習する．

§1.1　エネルギー，エントロピー，自由エネルギー

水は液体であるが，冷やせば氷という固体になり，熱すれば水蒸気という気体になる．それぞれの状態は巨視的に見て一様であり，その違いは一目瞭然である．このように巨視的に見て一様な物質の状態を専門用語で**"相"**とよんでいる．そして温度や圧力を変えることで，ある相が別の相に変ることを**"相変化"**または**"相転移"**とよんでいる．では，なぜ同じ物質が液相になったり，固相になるのだろうか．それを説明するのが，**熱力学**である．

ところで，原子分子を見たことはなくても，固体，液体，気体という物質の三態が，物質を構成する原子分子の配列の違いによって生じていることは常識となっている．つまり，分子が互いに他の分子とほとんど無関係に飛びまわっているのが気体であり（図 1.1 (c)），分子同士が，満員電車の中の乗客のように，互いに肩が触れ合って無秩序に詰まっているのが液体である（図 (b)）．それに対し，教室の中で椅子に座っている学生たちのように，原

(a) 結 晶　　(b) 液 体　　(c) 気 体

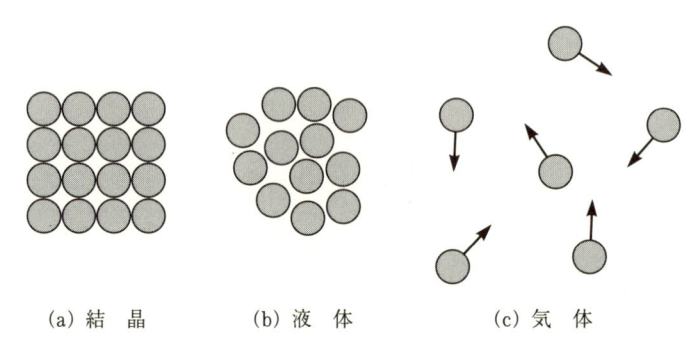

図1.1　結晶，液体，気体の分子の様子

子分子が行儀よく整然と並んでいるのが結晶である（図(a)）．このような原子分子の状態を，以下では**微視的状態**とよぶ．つまり，相の違いは微視的状態の違いに対応している．

　微視的状態の違いは分子間の相互作用に起因しているだろう．なぜなら，もし分子間に相互作用がないと，理想気体として知られているように気相となってしまうからである．したがって，液相や結晶相になるには分子間相互作用が必要である．分子間に引力があると，分子同士が集まって液相になる．しかし分子には大きさがあり，分子同士があまり近づきすぎると反発し合う．そこで，あまり反発力を受けずに引力の効果を最大にするため，規則正しく並んだ結晶となる．ただし，複雑な形の分子では，周りの分子に閉じ込められてしまって規則正しく並ぶことができず，無秩序なまま動きを止められてしまうことがあり，これがガラスや非晶質とよばれる固体である．しかし，このガラス状態は熱平衡の状態ではないと考えられているため，以下の議論の枠組みに当てはまらないので，これからは考えないことにする．

　上のように，相互作用のエネルギーが物質の状態を左右している．ただし，物質自体の性質を考えているときは，物体全体が静止しているときにもっているエネルギーだけが問題であり，それを**内部エネルギー**とよんでい

る．これは物質を構成する原子分子のもつ微視的なエネルギーの総和であるが，物体全体が力学的に運動することによるエネルギーは含まない．以下本書では，この内部エネルギーを簡単に**エネルギー E** とよぶ．

さて，温度が低いと物質が結晶化するのは，結晶がエネルギー E の低い状態だからである．ところが，温度が高くなると結晶は融けて液体や気体になる．つまり，物質の状態を決めるのはエネルギーだけではなく，別の量も必要ということになる．それは何だろう．

温度が高いときには体系は熱エネルギーをもっており，少しエネルギーの高い状態も可能になっている．たとえば液体では，隣り合う原子の間の平均距離は結晶とほぼ同じだが，配列が乱れており，ある原子と隣りとは近かったり遠かったりして，結局 エネルギーが高くなっている．また，気体では原子は遠く離れ離れになっているので，互いの相互作用は弱く，引力によるエネルギーの下がりはなくなっている．こういったエネルギーの高い状態では原子配列が不規則なため，ちょっと粒子の配置が違うだけで同じようなエネルギーをもつ微視的状態がたくさんある．この微視的状態の多様性が，結晶とは違う相を実現するのに重要となる．

熱力学で取扱う**巨視的状態**は全粒子の数 N やエネルギー E，体積 V など少数の量で決まる．しかし，系を構成している約 10^{23} 個もの原子分子の配置や速度で決まる**微視的状態**は N, V, E などでは一意的に決まるはずもなく，いろいろな可能性がある．たとえば，教室の中にいる一群の学生たちについていえば，授業中は皆席について静かに講義を聴いているので，一つの微視的状態にある．しかし授業が終って休憩時間に入ると，たちまち皆立ち上がってあちこち動き回り，たくさんの微視的状態を実現するようになる．授業中と休憩時間中の微視的状態の違いを区別するのが**エントロピー**で，授業中はエントロピーが低く，休憩時間はエントロピーが高い．このように，エントロピーは**乱雑さ**の程度を表す量といえる．もっときちんとエントロピーを定義すると，それは N, V, E などの巨視的状態変数が与えられたとき，

すべての可能な微視的状態の総数 W（これは**重率**とよばれる）の対数に，**ボルツマン定数** $k_B = 1.38 \times 10^{-23}$ J/K を掛けた量で与えられ，

$$S \equiv k_B \ln W \tag{1.1}$$

となる．この関係式は**ボルツマンの公式**とよばれ，対数をとるのは，エントロピー S が粒子数 N に比例する**示量性**の変数になるようにするためである．

[**例題 1.1**] エントロピーに慣れるために，気体の配置のエントロピーを評価してみよう．原子が気体として空間中に一様に散らばっている．1つの粒子は体積 V の中のどこにいてもよいので，配置の可能性は V に比例する．気体中に粒子が N 個いるとき，可能な全配置の数 W を求めよ．また，エントロピー S を求めよ．

[**解**] W は V^N に比例するが，粒子は皆同じで区別がつかないため，粒子を入れ替えただけのものは同じ状態である．そこで，全配置の数は入れ替えの総数 $N!$ で割って，$W \sim V^N/N!$ となる．N が大きいときに成り立つ $\ln N! \approx N \ln N$ という近似を用いると，配置のエントロピーは，ボルツマンの関係式より，$S = Nk_B \ln(V/N)$ と求められる．このようにエントロピーは粒子数 N に比例している．

ちなみに，エネルギーや体積も粒子数に比例した示量性の変数である．それに対し，温度や圧力は粒子数を倍にしても変らないので，強さを表す量，**示強性**の変数とよばれる．

(1.1) によれば，エントロピーは，エネルギーが同じでも微視的に見れば異なる状態がどれくらいあるか，その乱雑さを表す量だといえる．そして熱力学では，エネルギーが同じならどの微視的状態も同じように実現するとしている．

さて，温度が低いとエネルギー E の低い結晶相が実現し，温度が高いとエネルギーは少々高くても，たくさんの可能性 S をもった気体や液体とい

う状態が実現する．どの温度でどの相が熱平衡状態として実現するかを定量的に決めているのが自由エネルギーである．熱力学第2法則により，温度 T と体積 V が一定の系では，**ヘルムホルツの自由エネルギー** $F = E - TS$ を一番低くする状態が実現する．また，温度 T と圧力 P が一定の系では**ギブスの自由エネルギー**

$$G = E + PV - TS = F + PV = H - TS \tag{1.2}$$

を一番低くする状態が熱平衡状態として実現する（演習問題［5］参照）．ここで，$H = E + PV$ は**エンタルピー**とよばれる熱力学ポテンシャルの1つである．

いま，温度 T と圧力 P が与えられた体系を考えよう．(1.2) によれば，低温では温度 T がかかっているためエントロピー S の効果は小さくて，エンタルピー H の低い状態が G を小さくし，熱平衡で実現する．一方，温度が上がるとエントロピー S の項が大きな寄与を与えて G を小さくすることができる．そのため，エントロピーが大きくて乱雑度の高い状態が実現する．この移り変わりが，ある温度で突然起きるのが，相転移である．

§1.2　化学ポテンシャル

もう少し熱力学の復習を続ける．**熱力学の第1法則**は，外から入った熱 δQ が内部エネルギーの増加 dE と外へする仕事 $\delta W = P_e dV$ に変るという，**エネルギー保存則**を表していた（図1.2）．ここで P_e は外界の圧力，dV は系の体積変化である．これに原子分子の数が増えたとき，1つ1つの分子がもち込むエネルギー μ も考慮すると，dN 個の分子が増えたときの保存則は $\delta Q + \mu\, dN = dE + P_e\, dV$ となる．ここで μ を**化学ポテ**

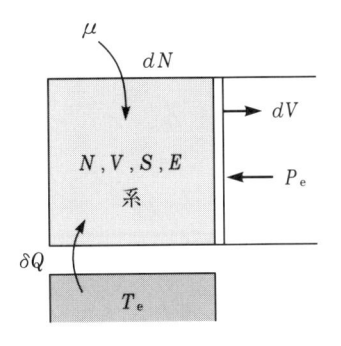

図 1.2 外界と接触する系に起こる変化

ンシャルという．

一方，**熱力学第2法則**は自然界に起こる熱現象の向きに関する**不可逆性**を規定している．つまり，熱力学的な体系にはエントロピーという状態量があって，温度 T_e の外界から熱 δQ が入ると系のエントロピーの変化は $\delta Q/T_e$ より小さくならない（$dS \geqq \delta Q/T_e$）ということを表していた．そして，これに反する変化は自然界では起きないという原理で，熱力学的に起きうる過程を制限している．ここで等号が成り立つ変化は逆にたどれるので，可逆変化になる．一方，不等号の過程は逆過程が存在しないので，不可逆過程とよばれる．

可逆過程では，体系と外界は常に熱平衡を保ちながら変化をするので，体系にも温度 T が定義でき，それは外界の温度 T_e と等しくなる．また，体系の圧力 P は外界の圧力 P_e と等しい．したがって，エネルギー E，エントロピー S，体積 V，粒子数 N の微小変化の間に，関係

$$dE = T\,dS - P\,dV + \mu\,dN \tag{1.3}$$

が成り立つ．これにギブスの自由エネルギー G の定義式 (1.2) を代入すれば，温度 T，圧力 P，粒子数 N がわずかに変化したときのギブスの自由エネルギー G の変化 dG が

$$dG = -S\,dT + V\,dP + \mu\,dN \tag{1.4}$$

となる．

[**問1**] (1.4) を導け．

関係式 (1.4) と偏微分の定義を用いると

$$\frac{\partial G(T,P,N)}{\partial T} = -S, \qquad \frac{\partial G(T,P,N)}{\partial P} = V, \qquad \frac{\partial G(T,P,N)}{\partial N} = \mu \tag{1.5}$$

が成り立つことがわかる．たとえば3番目の式は，温度，圧力一定（$dT = dP = 0$）でのギブスの自由エネルギーの粒子数変化の割合が化学ポテンシ

ャル μ になることを示している．

ところで，ギブスの自由エネルギー G は粒子数 N に比例して増える示量性の量である．つまり，温度と圧力が一定で粒子数が λ 倍になると，G も λ 倍になる．

$$G(T, P, \lambda N) = \lambda\, G(T, P, N) \tag{1.6}$$

上の式を λ で微分して，その後で $\lambda = 1$ とおけば，(1.5)を用いて

$$G(T, P, N) = N\, \mu(T, P) \tag{1.7}$$

となる．このように，化学ポテンシャル μ は1粒子当りのギブスの自由エネルギーである．

なお，化学ポテンシャル μ は粒子数 N に依存しない示強性変数なので，温度 T，圧力 P だけで決まる．そこで温度，圧力，粒子数がわずかに変ったとして，ギブスの自由エネルギー(1.7)の微小変化を求め，(1.4)と比較すると，

$$N\, d\mu(T, P) = -S\, dT + V\, dP \tag{1.8}$$

という**ギブス-デューエムの関係式**が導かれる．ここで，圧力を一定($dP = 0$)にして化学ポテンシャルの温度微分をすれば，1粒子当りのエントロピーは

$$s = \frac{S}{N} = -\frac{\partial \mu(T, P)}{\partial T} \tag{1.9}$$

となり，これを比エントロピーとよぶ．"比"というのは，1粒子当りの物理量を表す．同様に，定温($dT = 0$)で化学ポテンシャルの圧力微分をすると，1粒子当りの比体積

$$v = \frac{V}{N} = \frac{\partial \mu(T, P)}{\partial P} \tag{1.10}$$

が導かれる．

8   1. 相変化の熱力学

[問2] (1.7), (1.8)を導け．

§1.3　2相平衡

分子数 N が決まっているときに温度 T と圧力 P を与えれば，物質の熱平衡状態はギブスの自由エネルギー G を最小にするように決まる．そこで図1.3のように，横軸に温度 T，縦軸に圧力 P をとったグラフの中の各点には ある状態，相が対応していることになり，これを**状態図**または**相図**という．

ところで，結晶が融けたり成長したりする温度，圧力はどこだろうか．状態図の上では結晶と液相が共存する点に当るわけで，それがどんな条件のときに可能となるかを考える．いま図1.4のように，N 個の原子から成る系が液相(L)と結晶相(S)という2つの相に分かれたとし

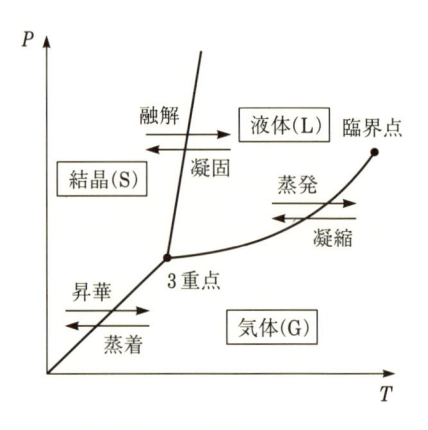

図1.3　圧力 P - 温度 T 相図と3相

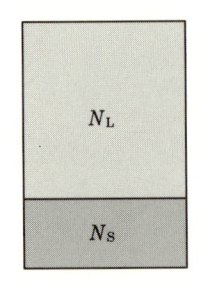

(a) 液相と共存している結晶　　(b) 結晶化の進行

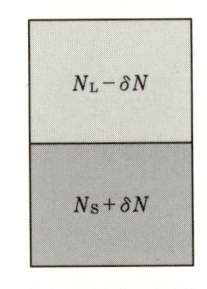

図1.4

よう．各相にある原子数を N_L, N_S とすれば，全体のギブスの自由エネルギーは

$$G(T, P, N) = G_S(T, P, N_S) + G_L(T, P, N_L) \qquad (1.11)$$

である．ここでもし結晶化が進んで，少数の δN 個の原子が液相から結晶に変ったとする ($N_S \to N_S + \delta N$, $N_L \to N_L - \delta N$) と，(1.7) により，ギブスの自由エネルギーは

$$\delta G = (\mu_S - \mu_L)\,\delta N = -\varDelta\mu\,\delta N \qquad (1.12)$$

だけ変る．ここで $\mu_S = \partial G_S/\partial N_S$ と $\mu_L = \partial G_L/\partial N_L$ はそれぞれ結晶と液相の化学ポテンシャルであり，

$$\varDelta\mu = \mu_L(T, P) - \mu_S(T, P) \qquad (1.13)$$

は，その差である．もし結晶相の化学ポテンシャル μ_S の方が小さくて $\varDelta\mu > 0$ ならば，全体が結晶相になった方が G が小さくなるので，結晶相が熱平衡で実現される相となる．逆に液相の化学ポテンシャル μ_L が小さければ，液相が熱平衡相である．2つの相の化学ポテンシャルが等しいときにだけ，液相と結晶相の2相が共存できる．つまり，この温度で液相は結晶化し（凝固），結晶は液化（融解）する．融点温度 $T_M(P)$ は，2相の化学ポテンシャルが等しい

$$\mu_L(T_M, P) = \mu_S(T_M, P) \qquad (1.14)$$

という条件から決まり，圧力の関数である．

(1.14) は温度と圧力の間の関係式を1つ与えているので，液相と結晶相の共存領域は T-P 状態図中で1本の線となる．これが**固液共存線**で，図1.3のように，結晶相と液相の領域を分けている．つまり，共存線より低温側では結晶相，高温側では液相になり，その間の共存線上では両相が共存する．同様に，液相と気相（G），気相と結晶相の間にも共存線があり，結局3つの相が3本の共存線で分けられる．

固液と気液の 2 本の共存線が交わるところでは，3 相の化学ポテンシャルが皆等しくなるので，結局，気相，液相，結晶相の 3 相が共存する．つまり，3 本の共存線が 1 点で交わることになり，この点は **3 重点**とよばれる．また，結晶相の中ではいろいろと異なった原子の規則配列構造が可能であり，それらの間にも固相 – 固相の相転移が起きる．

§1.4　潜熱と 1 次相転移

結晶を一定圧力 P の下で加熱したときの温度変化は，模式的に図 1.5 のようになる．最初は結晶の温度が上がっていくが，やがて熱を加えても温度が変らなくなる．ここでは結晶が融けていて，その温度は (1.14) で決まる**融解温度** $T_M(P)$ である．T_M で加えた熱は結晶を融かすのに使われ，温度上昇という形で外に現れないので，**潜熱**とよばれる．結晶がすべて融けた後，さらに熱を加えれば，液相の温度が再び上がっていく．

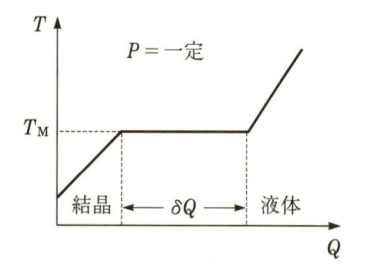

図 1.5　圧力一定で結晶を加熱したときの温度変化の概略．δQ は潜熱．

結晶がすべて融けるまでに加えた熱 δQ は，物質の状態を結晶から液相に変えるために使われている．これは熱力学第 2 法則より，融点 T_M で可逆的に結晶から液相へ変ったときの，エントロピーの増加分に比例している．1 粒子当りに直せば，

$$\frac{\delta Q}{N} = T_M (s_L - s_S) = T_M \Delta s \tag{1.15}$$

となる．また，等圧変化であること ($P =$ 一定)，固液共存状態では 2 相の化学ポテンシャルが等しいこと (1.14) に注意して (1.2) を用いれば，潜熱は 2 相の 1 粒子当りの比エンタルピー $h = H/N$ の差としても表せる．

§1.5 結晶化の駆動力　11

$$T_M(s_L - s_S) = h_L - h_S = \Delta h \tag{1.16}$$

一般に液体の方が無秩序なので $s_L > s_S$ であり，したがって潜熱 Δh も正である．つまり，結晶化すると潜熱 Δh を発熱する．さらに，比エントロピーが化学ポテンシャルの温度微分と関係しているという (1.9) を用いれば，

$$\frac{\partial \mu_L(T,P)}{\partial T} - \frac{\partial \mu_S(T,P)}{\partial T} = -\frac{\Delta h}{T_M} \tag{1.17}$$

とまとめられる．

［問3］（1.16）を導け．

そこで，相転移点近傍での化学ポテンシャルの温度変化を描くと，図1.6のようになる．つまり，融点 T_M で結晶と液相の化学ポテンシャル μ_S と μ_L は等しくなる (1.14) が，両者の傾きは潜熱に比例した"とび"をもつ．このように化学ポテンシャルの1回微分に"とび"などの異常性をもつ相転移を，**不連続転移**または**1次相転移**という．

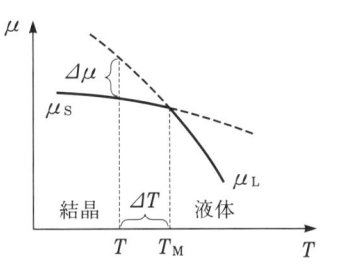

図1.6 融点温度 T_M 近くでの結晶と液体の化学ポテンシャルの温度変化

§1.5　結晶化の駆動力

融点では液相と結晶相の化学ポテンシャルが等しく，2相が共存していた．しかし融点以下の温度になると結晶相の方の化学ポテンシャルが小さくなり，それが結晶化，この場合は凝固を引き起こす．つまり，δN 個の原子が結晶化すると，全ギブスの自由エネルギーは (1.12) で示したように $\delta G = -\Delta \mu \, \delta N$ だけ下がる．熱力学第2法則に従えば，ギブスの自由エネルギーを下げるように準安定な液相から自発的に結晶化が起きるはずである．

このように，結晶化を駆動しているのは，(1.13)で定義された化学ポテンシャルの差 $\Delta\mu(T, P)$ である．

一方，体系の温度 T を融点温度 $T_M(P)$ より下げると凝固が起きることを考えると，この駆動力は**過冷却度** $\Delta T = T_M(P) - T$ にも関係しているはずである（図1.6）．実際，ΔT が小さいとして (1.13) を展開し，(1.17) を用いれば，

$$\Delta\mu \approx \frac{\Delta h}{T_M}\Delta T \tag{1.18}$$

となる．$T < T_M$ ならば $\Delta T > 0$ であり，$\Delta\mu$ も正となって，結晶化を駆動する．

演習問題

[1] 理想気体では内部エネルギーが温度に比例して $E_G = Nc_vT$ と書かれ，またボイル-シャルルの状態方程式 $PV = Nk_BT$ が成り立つ．このとき，理想気体のエントロピーが

$$S_G(T, V) = Nc_v \ln\frac{T}{T_0} + Nk_B \ln\frac{V}{V_0} + S_G(T_0, V_0)$$

化学ポテンシャルが

$$\mu_G(T, P) = k_B T \ln\frac{P}{P_0} + \mu_G(T, P_0)$$

となることを示せ．ここで c_v は定積比熱である．

[2] 2種類の理想気体 A, B を混ぜたときの余分なエントロピー S_{mix} と気体 A の化学ポテンシャルの増加 $\mu_{A,mix}$ を，以下の手順で計算せよ．

（1） A分子を N_A 個入れた容器の体積を V_A，B分子を N_B 個入れたものの体積を V_B とし，両者の温度，圧力が等しいとき，密度が等しくなることを示せ．

（2） 両容器を接触させ，間の仕切りを開けると A, B 両分子が体積 $V = V_A + V_B$ に広がっていくが，温度，圧力は変らない．前問を用いて，このときのエントロピーの増加が

$$S_{mix} = -k_B \left(N_A \ln \frac{N_A}{N_A + N_B} + N_B \ln \frac{N_B}{N_A + N_B} \right)$$

となることを示せ．これを混合のエントロピーという．

（3） 混合による A 分子の余分な化学ポテンシャルが

$$\mu_{A,mix} = k_B T \ln C$$

となることを示せ．ただし，C は A 原子の濃度 $C = N_A/(N_A + N_B)$ である．

[3] 1次相転移点では液相と結晶の比エントロピーに とび $\Delta s = s_L - s_S$ があるだけでなく，両相の比体積にも とび $\Delta v = v_L - v_S$ がある．これが，共存線 $P = P(T)$ の傾き dP/dT や潜熱 Δh と，以下のようなクラウジウス–クラペイロンの関係

$$\frac{dP}{dT} = \frac{\Delta h}{T_M \Delta v}$$

を満たしていることを導け．

次に，0℃で水が凍るときのモル潜熱は $N_A \Delta h = 6.01 \, \text{kJ/mol}$，氷の密度が $\rho_{氷} = 0.917 \text{g/cm}^3$，水の密度が $\rho_{水} = 1.000 \text{g/cm}^3$ である．ここで N_A はアボガドロ数である．これより，水が凍るときの凝固の共存線の傾き dP/dT を求めよ．また，100℃で水が蒸発するときのモル潜熱は $N_A \Delta h_v = 40.66 \, \text{kJ/mol}$，水の密度が $\rho_{水} = 0.958 \text{g/cm}^3$，水蒸気の密度が $\rho_{水蒸気} = 0.598 \times 10^{-3} \text{g/cm}^3$ である．蒸発の共存線の傾き dP_v/dT を求めよ．

[4] 水の T–P 状態図は模式的に図 1.7 のようになっている．

（1） 缶の中に少し水を入れて栓を開けたまま 100℃で沸騰した後，栓を閉じて 20℃に冷やすと缶がつぶれることを，状態図を用いて説明せよ．

（2） 状態図によれば，1気圧で温度が零度以下では水は結晶の氷になっているはずである．では，冬の寒い日にはすべての水分子は氷になっているのだろうか．

14   1. 相変化の熱力学

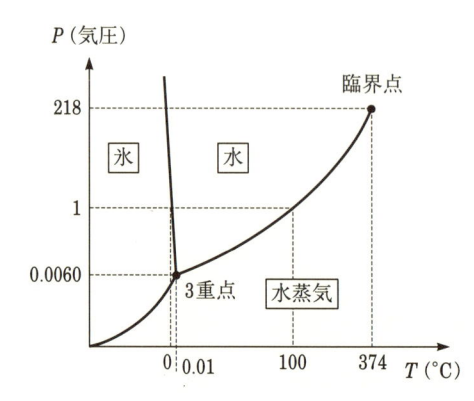

図1.7 水の T-P 状態図の模式図

[5] 最初，エネルギー E，体積 V，エントロピー S の熱平衡状態にあった系が，温度 T_e，圧力 P_e の外界の中で変化を起こし，十分時間が経った後，エネルギー $E + \Delta E$，体積 $V + \Delta V$，エントロピー $S + \Delta S$ の熱平衡状態になった．このとき，熱力学第1と第2法則より，

$$T_e \Delta S \geq \Delta E + P_e \Delta V$$

が成り立つ．

（1） 等温等積変化であれば，系の温度 T は変化前も後も外界の温度 T_e に等しい．また，体積は変らないので $\Delta V = 0$ である．このとき，系のヘルムホルツの自由エネルギー $F = E - TS$ が増える変化は起きないことを示せ．

（2） 等温等圧変化であれば，系の温度 T は変化前も後も外界の温度 T_e に等しく，圧力 P は変化前も後も外界の圧力 P_e に等しい．このとき，系のギブスの自由エネルギー $G = E - TS + PV$ が増える変化は起きないことを示せ．

擬似液体層

　氷・水・水蒸気の 3 相が共存できるのは，水の 3 重点 $T_t = 273.16\,\mathrm{K} = 0.01°\mathrm{C}$, $P_t = 661\,\mathrm{Pa}$ だけである．つまり，大気中に置かれた氷は，融点 0°C より下の温度では水蒸気と接しているはずである．しかし，融点に近づくと氷の表面は徐々に融け出していくことが実験で確かめられている．この液体は限られた厚みしかないため，普通の液体の水とは区別されて"擬似液体"とよばれている．また，このように表面近くだけが融けることを"表面融解"とよぶ．融点温度に近づくと，この擬似液体層は厚くなり，融点温度で厚み無限大の普通の液体への融解が起きる．

　実は，この擬似液体層の存在は 150 年近く前にファラデー（電磁気学で有名）により提唱されたものである．それは融点近くで氷の塊を 2 つ接触させると，その接触部分が直ちに硬く凍ることから思いついたそうである．我々も夏の暑い日，冷たい飲み物に入った氷を使って，この実験をしてみよう．

　なお，この表面融解という現象はアルミニウム，ガリウム，錫，インジウム等でも観測されたという報告がある．

2 結晶の誕生

　熱力学的に準安定な環境相から安定な結晶相が生まれてくる始まりは，小さな結晶核生成の過程である．これは，途中で自由エネルギーが上昇するので，熱力学的には不可能な過程である．そこで熱ゆらぎを考慮しなければならず，熱力学を超えた，統計力学が必要となる．核形成には，均一な準安定相の中に核が生まれる均一核形成と，壁や不純物を中心にして生じる不均一核形成がある．

§2.1　準安定状態からの核生成

　水を 0°C 以下に下げれば，氷の方が化学ポテンシャルが低くて安定のはずである．しかし，0°C 以下の水として凍らずに存在できることがある．このような融点以下に冷やされた液体は，**過冷却**されていて**準安定状態**にあるという．しかし準安定な液相は，いつかは真に安定な結晶相に変る．この章では，その変化の始まりの様子を調べよう．

　そもそも，過冷却された液相は結晶相より化学エネルギーが高いのだから，熱平衡状態では実現しないはずである．それが，なぜ現実に存在しているのだろうか．それは凝固が §1.4 で述べたような 1 次相転移だからである．それは液相全体が少しずつ結晶らしくなっていくのではなく，相転移点を境に，液相が性質のまったく異なる結晶に変るという変化である．したがって，液相から結晶に変ろうとすれば，液相の一部分の原子配置をがらりと

変えて結晶構造にしなければならない．そこで，結晶の種または核が液相の中にできて，それが領域を広げていくという時間発展が必要である．これを，**3次元核生成**による結晶成長とよぶ．

不純物や壁などがあると，これらが助けとなって核が発生しやすくなることがある．これを**不均一核生成**とよぶ．それに対し，不純物や壁などの不均一な要因がなくても核形成が起こることを，**均一核生成**という．

§2.2 界面自由エネルギー

前節で述べたように，過冷却になっているとその中に結晶核ができて，アッという間に大きくなりそうなものである．しかし実際にはそうならず，過冷却状態が有限の時間保たれる．その訳は，結晶核を作るのに表面で余分なエネルギーが必要となるからである．つまり，結晶核と液相の間には**界面**があるので，ここで余分の自由エネルギーが必要だからである．

一般に2つの相の境を界面といい，特に片方の相が気相のときの界面を**表面**という．そこで，液体を例に表面自由エネルギーを考えてみよう．草木の葉の上に置かれた水滴は球の形をしているが，これは水滴の体積を一定にしたまま表面積を一番小さくしようという力がはたらいているからである（図2.1 (a)）．つまり，表面積に比例した自由エネルギーの損失・上昇があるので，これをなるべく小さくするような形をとっているのである．

単位表面積当りの自由エネルギーを**表面自由エネルギー密度**という．これ

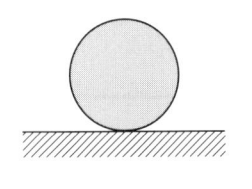

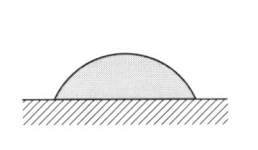

(a) 完全に濡れないときの水滴　　(b) 部分的に濡れる水滴　　(c) 毛細管現象

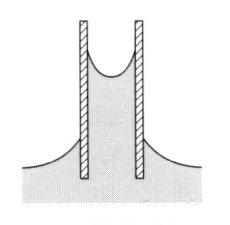

図2.1

は液体表面の単位長さ当りにはたらく力でもあり，**表面張力**ともいう．和紙などを水につけると，液体が重力に逆らって上ってくるのも，この表面張力によるものである（毛細管現象；図2.1 (c)，演習問題［1］）．

この表面張力の起源は，原子間の相互作用である．液体や結晶は原子間の引力を稼いで，なるべくエネルギーを下げようと多数の原子が集まってできたものである．ところが表面では片側には原子がいないために，引力エネルギーを稼いでエネルギーを下げることができない．たとえば結晶が気体と接しているときを考えよう．結晶中では1つの原子が周りの z 個の原子と結合を作っている．この結晶を2つに分けて2枚の表面を作ったとする．切る面によって原子の失う結合の数はいろいろだが，たとえば図2.2のように表面の原子が1つ当り1本ずつの結合を失っている面を想定する．1本の結合エネルギーの大きさを J とすると，原子当りの表面エネルギーの損は $J/2$ となる．また，原子1個の大きさを a としたとき，表面エネルギー密度は $\gamma = J/2a^2$ となる．

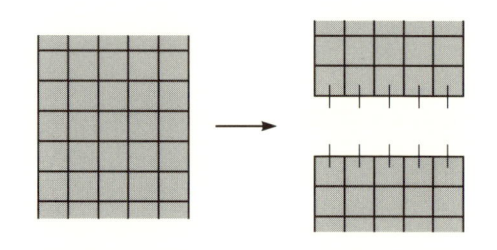

図2.2 結晶を2つに割ると，表面が2枚できる．細い線は切れた結合を表す．

§2.3 臨界核

非常に大きな体積，粒子数をもつ過冷却液相中に結晶の核ができて，成長も消滅もせずつり合っているときを考える．まず話が簡単になるように，結晶の表面張力は表面の向きによらず同じで等方的だと仮定する．すると結晶核の形も対称性のよい球になるだろう．後はこの球の大きさがいくつになるかである．熱平衡状態は自由エネルギーが最小の状態であった．そこで，結晶核がないときとあるときの全系の自由エネルギーの差を計算しよう．

§2.3 臨界核

　図2.3のように温度 T, 圧力 P の非常に大きな過冷却液相中に半径 R の球形の穴を開け，その中に液相から N 個の原子を移動してきて圧力 P_S の結晶に変えるという仮想的過程を行う．液相，結晶を合せた全系の体積，粒子数，温度は一定にして行う過程なので，問題となるのは液体と結晶を合せた全系のヘルムホルツの自由エネルギー $F = E - TS = -PV + \mu N$ である．結晶核を作ったことによる自由エネルギーの変化は，結晶と液相の間の界面自由エネルギーの損の効果も取り入れると

$$\Delta F = -(P_S - P)V_S + [\mu_S(T, P_S) - \mu_L(T, P)]N + \gamma A \quad (2.1)$$

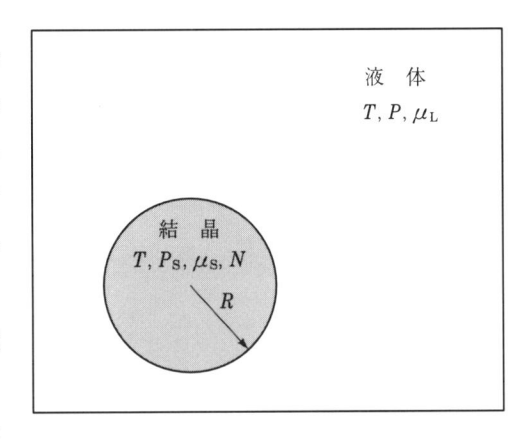

図2.3 大きな過冷却液体中にできた球形結晶核

となる．ここで，$\mu_S(T, P_S)$ は温度 T, 圧力 P_S の結晶相の化学ポテンシャル，$\mu_L(T, P)$ は温度 T, 圧力 P の液相のそれである．また，γ は結晶と液相の間の単位面積当りの界面自由エネルギー，つまり**界面自由エネルギー密度**，$A = 4\pi R^2$ は界面の表面積，$V_S = 4\pi R^3/3$ は結晶の占める体積である．

　まず結晶核の大きさ R を決めておいて，原子が液相と結晶相の間を自由に行き来できるようにしたときに，結晶核の中にいる原子の数 N を求めよう．これは自由エネルギー ΔF を最小にするように決まっているはずで，条件 $\partial \Delta F/\partial N = 0$ より，

$$\mu_S(T, P_S) = \mu_L(T, P) \quad (2.2)$$

と決まる．この式は (1.14) の2相共存の条件式 $\mu_S(T, P) = \mu_L(T, P)$ と似ているが，ここでは結晶内の圧力 P_S と液体内の圧力 P が違っていることが大切である．もし結晶核内と外の圧力差 $P_S - P$ があまり大きくなければ，

結晶の化学ポテンシャルはこの圧力差を用いて展開して，

$$\mu_s(T, P_s) \approx \mu_s(T, P) + v_s(P_s - P) \tag{2.3}$$

となる．ここで，$v_s = \partial \mu_s / \partial P$ は (1.10) で示されたように，結晶 1 原子の体積，つまり比体積である．(2.2)，(2.3) から逆に，(1.13) で定義された化学ポテンシャルの差 $\Delta\mu$ を用いて，圧力差を表すことができ，

$$P_s - P = \frac{\mu_L(T, P) - \mu_s(T, P)}{v_s} = \frac{\Delta\mu(T, P)}{v_s} \tag{2.4}$$

と近似できる．

さて，(2.2) を自由エネルギーの表式 (2.1) に代入すれば

$$\Delta F = -(P_s - P)V_s + \gamma A \tag{2.5}$$

を得る．結晶核の半径をいろいろ変えたときの自由エネルギーの極値を求めると，$\partial \Delta F / \partial R = 0$ の条件より，

$$P_s = P + \frac{2\gamma}{R} \tag{2.6}$$

を得る．これは**ラプラスの関係式**とよばれ，結晶核が表面張力で押されるので，力学的つり合いを保つためには中の圧力 P_s が外の圧力 P より大きくなるということを表している．これを (2.4) に代入すれば，同じ温度 T，圧力 P での液相と結晶相の化学ポテンシャルの差は

$$\Delta\mu(T, P) = \mu_L(T, P) - \mu_s(T, P) = \frac{2v_s\gamma}{R} \tag{2.7}$$

と書ける．これは化学的つり合いを表す**ギブス-トムソンの関係式**である．$R \to \infty$ では $\Delta\mu = 0$ となるが，これは無限に大きな結晶と液相が共存するのは両相の化学ポテンシャルが等しい融点温度 T_M であることを意味している．また，R が有限だと $\Delta\mu$ は正となるが，これは (1.18) より液相が過冷却（$\Delta T > 0$）になっていることに対応している．

ところで (2.4) を (2.5) に代入すると，自由エネルギーの増加は

$$\varDelta F \approx -\varDelta \mu \frac{V_\text{s}}{v_\text{s}} + \gamma A \tag{2.8}$$

と近似できる．V_s/v_s は結晶核内の原子数と見なせるから，この式は結晶化にともなう自由エネルギーの下がりと界面自由エネルギーの上昇の和を表していると解釈できる．過冷却状態 ($\varDelta\mu > 0$) では，この自由エネルギー変化 $\varDelta F$ の核サイズ R 依存性は図 2.4 のようになる．この図を見ると，結晶核が十分大きければ ($R \to \infty$)，過冷却液体状態 ($R = 0$) のときより自由エネルギーが下がる．つまり，結

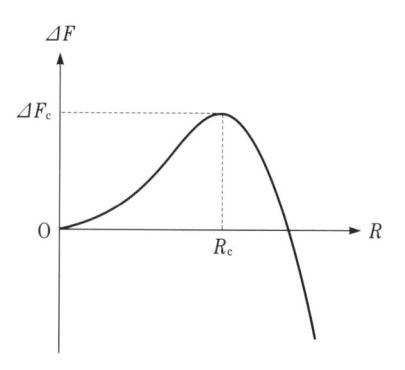

図 2.4 核形成自由エネルギー $\varDelta F$ の結晶核サイズ R 依存性

晶相の方が液相より安定な熱平衡状態であることが示されている．しかし，結晶核が小さいと表面自由エネルギーの損が大きいので，液相中で小さな核を作っただけでは $\varDelta F$ が増えてしまう．つまり，(2.7) を満足する**臨界核半径**

$$R_\text{c} = \frac{2v_\text{s}\gamma}{\varDelta\mu(T, P)} \tag{2.9}$$

または体積 $V_\text{c} = 4\pi R_\text{c}^3/3$ のところでは，自由エネルギーは実は最小になるのではなく，極大となっている．その極大値

$$\varDelta F_\text{c} = \frac{16\pi}{3} \frac{\gamma^3}{(P_\text{s} - P)^2} \approx \frac{16\pi}{3} \frac{v_\text{s}^2 \gamma^3}{\varDelta\mu^2} = \frac{1}{2} \varDelta\mu V_\text{c} \tag{2.10}$$

を**臨界核形成の自由エネルギー**という．

§2.4 均一核形成

前節で，液相の中に結晶の核を作ったときに全系の自由エネルギーがどのように変化するかを求めた．それは図2.4のようになっていて，結晶核の大きさ R をゼロから大きくしていくと，最初は自由エネルギーが上がる．つまり，液体だけの状態の方が熱力学的に安定で，結晶核を作るのは熱力学第2法則により禁止された過程であるということがわかる．このため，融点温度以下に冷やされた液体も，準安定状態にある過冷却液体として存在できることが裏付けられる．しかし，結晶核が臨界半径を超えて大きくなると自由エネルギーが下がりだし，結局は全体が結晶になった方が自由エネルギーが下がる．こちらの方が真の熱平衡状態である．ところが過冷却液体 ($R=0$) から出発すると，途中で自由エネルギーが上がらなければ，真の熱平衡状態である結晶状態には到達できない．そして，熱力学第2法則は自由エネルギーの上がる熱力学的変化を禁止している．それでは，真の熱平衡状態である結晶状態は実現できないのであろうか？

実は熱ゆらぎにより，系はこの自由エネルギー上昇の困難を乗り越えている．巨視的系で起きている熱ゆらぎの理解は熱力学の範囲を超えていて，**統計力学**が必要となる．統計力学によれば，熱力学的には実現するはずのない状態も，**ゆらぎ**として一定の確率で実現可能となる．ただ，非常に大きな巨視的物質を扱っているときには，ゆらぎの起きる確率は非常に小さくて，ほぼ確実に1つの熱力学的状態しか実現していないように見えているのである．ところが1次相転移にともなう核形成の場合には，自由エネルギーの変化 (2.10) に系全体の大きさが入っていない．比較的小さい結晶核の大きさしか関わってこないので，ゆらぎが有効となるのである．

さて，以下で統計力学の復習を行おう．原理は簡単で，2つの微視的な状態 A と B とが実現する確率 $\Pr(A)$ と $\Pr(B)$ の比は，両者のエネルギー E_A, E_B と温度 T に依存していて，図2.5に示すように，

$$\frac{\Pr(\mathrm{A})}{\Pr(\mathrm{B})} = \exp\left(-\frac{E_\mathrm{A} - E_\mathrm{B}}{k_\mathrm{B} T}\right)$$
$$= e^{-\Delta E/k_\mathrm{B} T} \qquad (2.11)$$

で与えられる．ここで $\Delta E = E_\mathrm{A} - E_\mathrm{B}$ はエネルギーの差である．つまり，同じ温度ではエネルギーの高い状態ほど指数関数的に実現する確率が小さい．一方，温度を上げればエネルギーの高い状態も実現しやすくなる．全粒子数や全体積といった巨視的な量で指定される巨視的状態の実現確率については，体系中の原子分子の配置といった微視的自由度について足し上げる必要があり，2つの巨視的な状態の実現確率の比は(2.11)の中の ΔE の代りに，自由エネルギーの差 ΔF を用いたもので決まる．

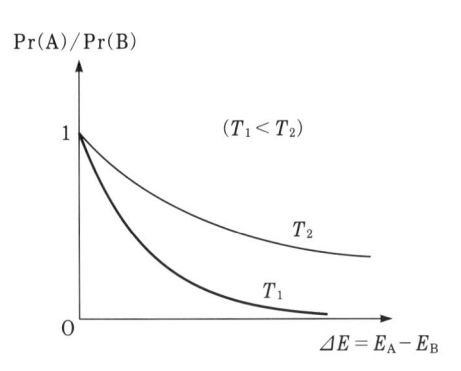

図2.5 確率分布 Pr の比とエネルギー差 ΔE の関係

ここで本論へもどって，毎時間当り単位体積中にできる結晶の個数を評価してみよう．これを**核形成頻度**という．熱ゆらぎによって，ある大きさをもつ結晶核ができたとしても，それが臨界核半径 R_c より小さければ第2法則により，より自由エネルギーの小さな液相にもどってしまう．一方，臨界核半径より大きな結晶核ができれば，第2法則により半径がさらに大きな結晶に成長する．したがって，核形成頻度は熱ゆらぎで臨界核の状態が実現する確率に比例しているだろう．それは，

$$J_\mathrm{n} = J_0 \exp\left(-\frac{\Delta F_\mathrm{c}}{k_\mathrm{B} T}\right) = J_0 \exp\left(-\frac{16\pi}{3}\frac{v_\mathrm{s}^2 \gamma^3}{\Delta\mu^2\, k_\mathrm{B} T}\right)$$

$$(2.12)$$

で与えられる．ここで J_0 は前指数因子，または頻度因子とよばれる．

このように，核形成の起こる頻度は臨界核形成の自由エネルギー ΔF_c に指数関数的によっているため，ΔF_c がわずかに変っても大幅に影響を受けて J_n の大きさが変る．温度が融点に近くて過冷却度の小さい場合には駆動力 $\Delta \mu$ が小さく，臨界核形成の自由エネルギー ΔF_c が大きいため，結晶核はほとんどできない．そのため，過冷却液体が十分長い時間存在できるわけである．しかし温度を下げて結晶化の駆動力 $\Delta \mu$ が大きくなると，自由エネルギーの障壁 ΔF_c が下がり，過冷却液体は不安定となって，一挙に結晶化が進行することになる．

§2.5 臨界核の形，平衡形

これまで表面張力は等方的で，結晶核は球だと仮定してきたが，実際の結晶は等方的ではない．結晶は規則的に原子が並んでいるために，その表面には原子が密に詰まった面とか，疎な面という具合いに，向きによる違いがある．したがって，表面張力も面の向きによっていて**異方的**である．

結晶核がいろいろな向き n_i の面で囲まれた多面体だとしたとき，その面の自由エネルギー

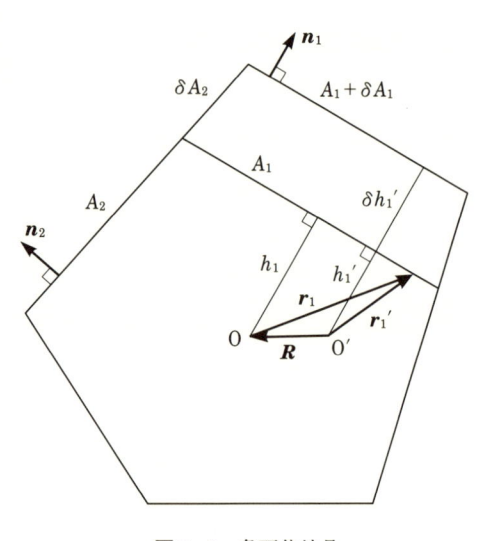

図2.6 多面体結晶

密度 γ_i と臨界核の形との関係を調べよう．図2.6のように，ある点 O′ から測った面 i 上の点の位置ベクトルを r_i' とすれば，O′ から面 i までの法線距離は

$$h_i' = r_i' \cdot n_i \tag{2.13}$$

となる．また面 i の面積を A_i とすれば，結晶はたくさんの多角すいの集まりと見なせるので，その体積は

$$V_\mathrm{s} = \frac{1}{3} \sum_i h'_i A_i \tag{2.14}$$

である．

臨界核は，結晶核の大きさや形をいろいろ変えたときに，(2.8) に対応する核形成自由エネルギー

$$\Delta F = -\Delta\mu \frac{V_\mathrm{s}}{v_\mathrm{s}} + \sum_i \gamma_i A_i \tag{2.15}$$

が極値となるものである．そこで，面 i までの垂線の長さを $\delta h'_i$ だけ変えたときの ΔF の変化を調べよう．まず，体積は $\delta V_\mathrm{s} = \sum_i A_i \, \delta h'_i$ だけ変化する．一方，(2.14) を微分すれば $\delta V_\mathrm{s} = \sum_i (A_i \, \delta h'_i + h'_i \, \delta A_i)/3$ とも書ける．2 つの表式が等しいことから，面の位置を変えたときの垂線の長さの変化と面積変化とが $\sum_i h'_i \, \delta A_i = 2 \sum_i A_i \, \delta h'_i$ という関係を満たすことがわかる．これを用いると自由エネルギーの変化は

$$\delta(\Delta F) = \sum_i \left(-\frac{\Delta\mu}{2 v_\mathrm{s}} h'_i + \gamma_i \right) \delta A_i \tag{2.16}$$

のように面積変化 δA_i に比例する形で書ける．

自由エネルギーの極値を求めるために，勝手な面積のずれ δA_i に対し，δF がゼロであればよいという変分法を用いたい．しかしいまの場合，側面の面積 A_i は勝手には変えられない．たとえば，図 2.6 からもわかるように，面 1 までの長さ h'_1 を変えると，面 1 の面積 A_1 だけでなく周りの面の面積，たとえば A_2 も変る．多数の側面で囲まれた多面体はいつも閉じていなければいけないからである．法線が $\boldsymbol{n}_i$ 方向を向いた側面の面積が A_i のとき，多面体が閉じているためには，$\sum_i \boldsymbol{n}_i A_i = \boldsymbol{0}$ という条件が必要である．変形後の図形も閉じていなければいけないので，いろいろな面の面積変化 δA_i には $\sum_i \boldsymbol{n}_i \, \delta A_i = \boldsymbol{0}$ という制限がある．これはベクトルとしての条件な

ので，実は条件は3つある．

この3つの条件を満たしながら面積が変ったときに自由エネルギーの変化 δF がゼロになる条件を探したい．それには，δF が $\sum_i \boldsymbol{n}_i \delta A_i = 0$ という3つの条件を適当に組合せた形で書けていれば十分である．つまり，勝手な3次元の定数ベクトル $\boldsymbol{R}$ を用いて，

$$\delta \Delta F = -\frac{\Delta \mu}{2 v_\mathrm{s}} \boldsymbol{R} \cdot \left(\sum_i \boldsymbol{n}_i \delta A_i\right) \tag{2.17}$$

となっていればよい．ここで，前の因子 $-\Delta\mu/2v_\mathrm{s}$ は式変形の後で形が簡単になるように付けてある．(2.16) と合せて上の式を書き直せば，

$$\sum_i \left[-\frac{\Delta \mu}{2 v_\mathrm{s}} (h'_i - \boldsymbol{R} \cdot \boldsymbol{n}_i) + \gamma_i \right] \delta A_i = 0 \tag{2.18}$$

となる．これが任意の面積変化 δA_i に対して成り立つためには，その係数がゼロでなければいけない．

ところで，図2.6のようにO′からベクトル $\boldsymbol{R}$ だけずらした位置に新しい原点Oを定め，そこから面 i 上の点までの位置ベクトルを $\boldsymbol{r}_i = \boldsymbol{r}'_i - \boldsymbol{R}$ とすれば，Oから面 i への法線距離が $h_i = \boldsymbol{n}_i \cdot \boldsymbol{r}_i = h'_i - \boldsymbol{R} \cdot \boldsymbol{n}_i$ となる．すると (2.18) を書き直して，

$$\frac{\gamma_i}{h_i} = \frac{\Delta \mu}{2 v_\mathrm{s}} = \text{一定} \tag{2.19}$$

という関係式を得る．真中の表式は面の向きによらず，結晶成長の駆動力に比例した定数である．そこで，結晶表面がどこを向いていても，点Oからその面に降ろした垂線の長さ h_i はその面の表面張力 γ_i に比例していることになる．この関係式を**ウルフの関係式**という．また，この原点Oは特別な点なので，**ウルフ点**という．また，h_i と γ_i の比例係数は駆動力 $\Delta\mu$ に反比例しているので，駆動力 $\Delta\mu$ が大きくなると臨界核は小さくなることがわかる．ウルフの関係は自由エネルギーの極値条件から導かれたので，結晶と液相は熱平衡にある．そこで，これで決まる臨界核の形は，結晶の**平衡形**とも

よばれる．

ここまでの議論から，結晶が平衡形になっているときは，ウルフの関係式を満たすような特別の点，ウルフ点があることがわかる．しかし，結晶形が与えられたとき，どこがウルフ点かはわからない．一方，逆にウルフ点を与えておいて，結晶の平衡形を作図することができる．これを**ウルフの作図法**といい，そのやり方は以下の通りである．

(1) 図 2.7 に示すように，ウルフ点から n 方向に表面自由エネルギー $\gamma(n)$ に比例する長さをもつベクトルを描く．これを γ プロットという．

(2) この動径ベクトルの先端で n に垂直な平面を描く．すると，平衡形で見えている結晶表面上の点は，必ずこの平面の上に乗っているはずである．

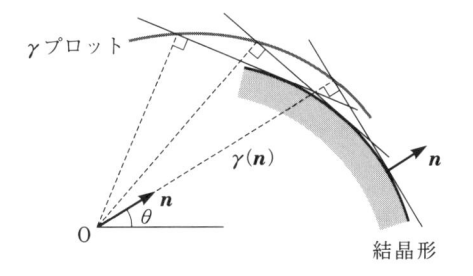

図 2.7 ウルフの作図法

(3) ベクトル n を全立体角にわたって動かすと，無数の平面が描ける．ウルフ点に近い面の集り，つまり包絡面が結晶平衡形となる．

以上の作図の過程は多面体結晶だけでなく，結晶が滑らかな曲面からできているときにも成り立つ．結晶平衡形が多面体になるのか滑らかな曲面となるのかは，界面自由エネルギー γ の形に依存している．これについては第 4 章で議論する．

§2.6 界面張力のバランスとヘリングの関係式

前節でも述べたように，結晶では界面自由エネルギーが面の向きによって異なっている．このような異方性があるときの**界面張力**について考えよう．

まず簡単のために，図2.8 (a) のような平らな界面の一部 ABCD を回転して伸ばすことから始める．面の法線ベクトル $\bm{n}$ は z 軸方向から角度 θ だけ傾いている．ここで図に示すように2辺 AD と BC に単位長さ当り $\bm{f}$ の力をおよぼし，面を回転させると同時に辺 AB と CD を伸ばす．紙面に垂直な方向には面の傾きは変らないとして，以下では断面図 (b) で議論する．また辺 BC や AD の長さは1とする．

断面図 (b) で AB の長さが l のとき，面 ABCD の全自由エネルギーは $\gamma(\theta)l$ である．ここで界面自由エネルギー密度 $\gamma(\theta)$ が面の向きによっていることを表すために，θ をはっきりと書いた．2辺 AD, BC に力 $\bm{f}$ が加わって，辺 AB が微小長さ δl 伸び，微小角 $\delta\theta$ 回転すると，$W = f_n(l\,\delta\theta) + f_t\,\delta l$ の仕事をする．ここで力は接線 $\bm{t}$ 方向と法線 $\bm{n}$ 方向の成分に分解して，$\bm{f} = f_t\bm{t} + f_n\bm{n}$ と書いた．この仕事 W は，面の全自由エネルギー変化 $\delta F = \gamma(\theta+\delta\theta)(l+\delta l) - \gamma(\theta)l$ に等しいはずである．右辺を展開してみれば，

$$f_t = \gamma(\theta), \qquad f_n = \gamma'(\theta) \tag{2.20}$$

となっていることがわかる．ここで $\gamma'(\theta)$ は，界面自由エネルギーの角度 θ に関する微分 $d\gamma(\theta)/d\theta$ である．(2.20) の最初の関係式から，γ が面の向き θ によらない等方的な場合には，界面自由エネルギー γ は面の縁を引っ張る張力に等しいことがわかる．しかし，(2.20) から，界面自由エネルギー密度 γ が異方性をもつと，それは界面張力 $\bm{f}$ とは異なっていることがわかる．

次に，異方的界面自由エネルギーをもつ結晶の平衡形を力のつり合いという観点から調べよう．まず簡単のために，先ほどの界面が AB 方向に曲がって，図2.8 (c) のように円柱の一部分のようになったものを考える．辺 AD, BC の方向にはまっすぐなままなので，やはり図2.8 (d) のような断面 AB で考えれば十分である．この辺 AB は曲率半径 R の円弧の一部で，平均的に角度 θ の方向を向いているとする．弧 AB の長さを今度は ds と書き，左端 A に接する面の法線角を $\theta + d\theta$，右端 B のを $\theta - d\theta$ とすると，ds は曲率半径 R と $ds = 2R\,d\theta$ の関係にある．

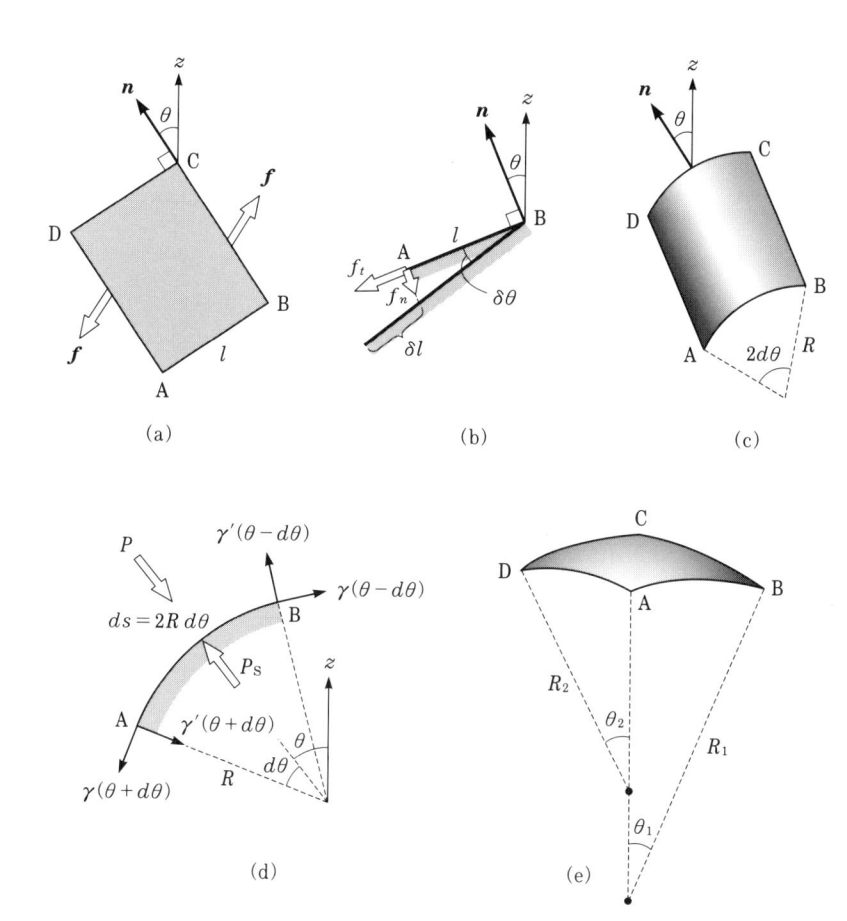

§2.6 界面張力のバランスとヘリングの関係式　29

図 2.8 (a) 平らな界面の一部の伸張と回転
(b) (a) の断面図
(c) 円柱状の界面の一部
(d) (c) の断面図とそこにはたらく力のバランス
(e) 一般的な曲面の主曲率半径 R_1 と R_2

さてここで，弧 AB に周りからはたらく力のつり合いを考える．AB を結ぶ直線に平行な方向での力のつり合い

$$[\gamma(\theta + d\theta) - \gamma(\theta - d\theta)] \cos d\theta$$
$$- [\gamma'(\theta + d\theta) + \gamma'(\theta - d\theta)] \sin d\theta = 0$$

は，$d\theta \ll 1$ として $\sin d\theta \approx d\theta$，$\cos d\theta \approx 1$ と近似すると，自動的に満足されている．一方，直線 AB に垂直な方向には張力の他に液相の圧力 P と結晶の圧力 P_s の差も効いてくるので，力のつり合いは，

$$(P_s - P)\, ds - [\gamma(\theta + d\theta) + \gamma(\theta - d\theta)] \sin d\theta$$
$$- [\gamma'(\theta + d\theta) - \gamma'(\theta - d\theta)] \cos d\theta = 0$$

と書かれる．$d\theta$ が小さいとして展開した 1 次の項から

$$P_s - P = \frac{\gamma(\theta) + \gamma''(\theta)}{R} \tag{2.21}$$

という関係が導かれる．γ が θ によらないという等方的な場合には これは (2.6) のラプラスの関係式に対応するはずであるが，紙面に垂直な辺 BC 方向に曲がっていないため，係数が因子 2 だけ違っている．右辺の分子

$$\tilde{\gamma}(\theta) = \gamma(\theta) + \frac{d^2 \gamma(\theta)}{d\theta^2} \tag{2.22}$$

は**界面のスティフネス**とよばれ，界面の変形に対する復元力を与えている．また，上の式 (2.21) に (2.4) を当てはめれば，

$$\frac{\tilde{\gamma}(\theta)}{R} = \frac{\Delta \mu}{v_s} \tag{2.23}$$

というギブス－トムソンの関係式 (2.7) を拡張したものが得られる．

ここまでの結果は，実は紙面に垂直方向に厚みがない（または 1 原子分の厚みしかない）2 次元系の結晶に対しても成り立つ．具体的には，結晶表面の島状 2 次元クラスターがそれであり，第 4 章, 5 章, 7 章で取扱う．

さて，3 次元結晶の界面が紙面に垂直な辺 BC の方向にも曲がっているという一般的な場合（図 2.8 (e)）を考えよう．実は数学が難しいので，ここで

は結論だけをまとめておく．曲面上のある点での曲率半径は曲面に内接する円の半径によって決まるが，内接円はたくさんある．その中に図 2.8 (e) のように，曲率半径が最大と最小のものがある．それら R_1, R_2 を主曲率半径とよぶ．また，この主曲率円を含む 2 枚の平面と界面の交線に沿っての界面自由エネルギーの変化から，2 つのスティフネス $\tilde{\gamma}_1$, $\tilde{\gamma}_2$ が (2.22) と同様に定義される．これらを用いると，結晶の平衡形は

$$\frac{\tilde{\gamma}_1}{R_1} + \frac{\tilde{\gamma}_2}{R_2} = \frac{\Delta\mu}{v_s} \tag{2.24}$$

という関係式で決められることがわかっている．これを**ヘリングの関係式**という．(2.24) でたとえば $R_2 = \infty$ としたものが，先に求めた (2.23) に対応している．また，γ に異方性がないと $\tilde{\gamma}_1 = \tilde{\gamma}_2 = \gamma$ であり，$R_1 = R_2 = R$ という球形結晶となって，(2.7) を再現する．(2.24) から，スティフネスの大きな面は曲率半径が大きく平らになり，一方，スティフネスの小さな面は曲率半径が小さくてとがった形になることがわかる．つまり，スティフネスは平らな面への復元力を表している．

界面自由エネルギーが等方的な液滴の場合には平衡形は球となるため，ヘリングの関係式とウルフの関係式は同じものになる．しかし，一般にはウルフの関係は界面自由エネルギーとウルフ点からの垂直距離という結晶全体に関する関係を表している．一方，ヘリングの関係は復元力であるスティフネスと局所的なその場の曲率だけの関係である．この両者が $\Delta\mu/v_s$ で決まっているので，互いに関連がありそうである．アンドレエフ自由エネルギーという概念を用いると両方とも同じ数学から導かれるが，その証明はここでは省略する．2 次元の場合の両者の関係は演習問題 [6] で導く．

§2.7 不均一核形成

液相中に不純物があったり，液相が容器の中に入っていて壁があると，

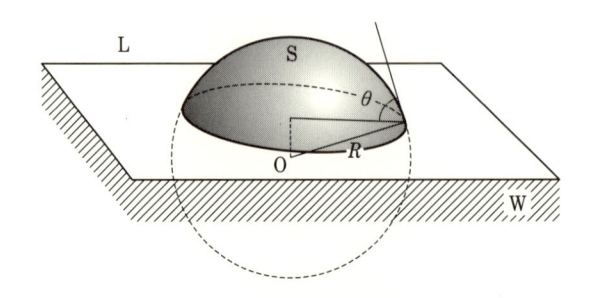

(a) 壁にできた半球状結晶核

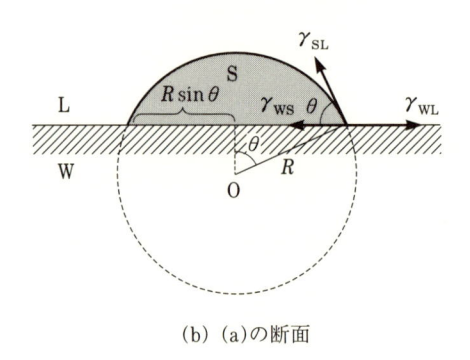

(b) (a)の断面

図 2.9

それらを起点に結晶核が生成されることがある（図 2.9）．これを**不均一核形成**とよぶ．梅雨時，大気が水蒸気を含んで湿っていると，ガラス面上に水滴ができるというのも同じような現象で，これは気相からの液相の不均一核形成である．不均一核形成しやすいかどうかは水滴がガラスを濡らしやすいかどうかによっている．同様に，壁に結晶核が成長しやすいかどうかも，壁（W），結晶（S），母相（ここでは液相 L とする）の間の接触しやすさ（これも以下では"**濡れ**"やすさとよぶ）に関係している．

壁の上に結晶核が成長して，図 2.9 (b) のように，濡れ角 θ をなして接触していたとする．すると，3 相の境界線上での界面張力のつり合いから，

$$\gamma_{SL} \cos \theta = \gamma_{WL} - \gamma_{WS} \tag{2.25}$$

という**ヤングの関係式**が成立する．ここで γ_{SL} は結晶と液相の間の界面自由エネルギー密度，γ_{WL}, γ_{WS} はそれぞれ壁と液相，結晶との間のそれで，皆等方的であると仮定した．

壁と液相の間の界面自由エネルギーが大きく，(a) $\gamma_{WL} > \gamma_{WS} + \gamma_{SL}$ のときには，(2.25) を満たす角度 θ がない．このときは，壁と液相が直接接触するよりも，間に結晶相が挟まった方が界面自由エネルギーが低くなるので，壁が結晶相で**完全に覆われる**（**濡れる**）ことになる（図 2.10 (a)）．このような状況のときに壁上に結晶を成長させると，結晶は壁を完全に覆い（濡らし）ながら層状に成長していくであろう．このような成長の仕方を**フランク - バン デル メルベ（FM）の層成長様式**という．

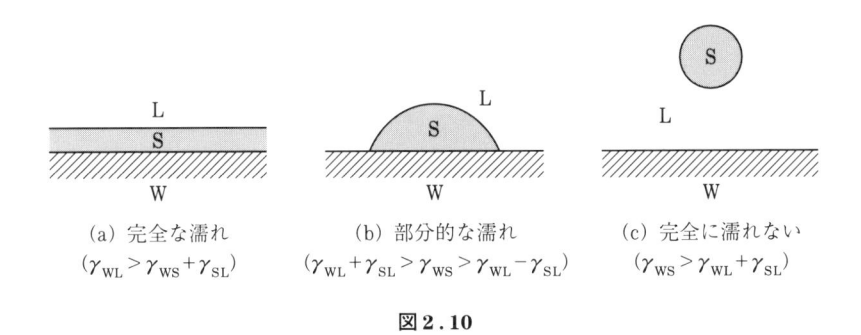

(a) 完全な濡れ	(b) 部分的な濡れ	(c) 完全に濡れない
($\gamma_{WL} > \gamma_{WS} + \gamma_{SL}$)	($\gamma_{WL} + \gamma_{SL} > \gamma_{WS} > \gamma_{WL} - \gamma_{SL}$)	($\gamma_{WS} > \gamma_{WL} + \gamma_{SL}$)

図 2.10

一方，(c) $\gamma_{WS} > \gamma_{WL} + \gamma_{SL}$ ならば，壁と結晶相が少しでも接触するよりは，間に液相が入った方が界面自由エネルギーが小さくなる．つまり，壁は液相で完全に濡らされ，壁での不均一な結晶核形成は起きない（図 (c)）．(a), (c) の中間の場合である (b) $\gamma_{WL} + \gamma_{SL} > \gamma_{WS} > \gamma_{WL} - \gamma_{SL}$ のときは，壁が結晶で**部分的に濡れる**（図 (b)）．つまり，結晶は壁の上に島を形成する．この場合に結晶成長をすれば，結晶は壁の上にたくさんの島を作りながら成長するであろう．これを**ボルマー - ウェーバー（VW）の島状成長様式**という．

(a)の完全濡れ条件のときには，自由エネルギーの障壁もなく，結晶は壁の上で成長していく．一方，(b)の部分濡れの場合には壁で不均一核生成が起きる．

上の議論は壁での不均一核形成であったが，液相中に十分大きな不純物結晶粒が混ざっている場合にも，この結晶粒の壁面が同じように不均一核形成の起源となる．

[**例題 2.1**] 界面自由エネルギーは皆等方的だとして，不均一核形成 (heterogeneous nucleation) の自由エネルギー ΔF_c^{het} を求め，(2.10) で与えられた均一核形成 (homogeneous nucleation) の自由エネルギー ΔF_c^{homo} と比較せよ．

[**解**] 等方的という対称性により，結晶と液相の間の界面は球の一部となる．この球の半径 R がまず知りたい量である．このとき，結晶・液相・壁という3相の接する曲線（つまり3重線）は円となる．（図 2.9 (a) 参照）．ここで，結晶と壁の間の接触角 θ は (2.25) から決まる．すると3重線の円の半径は $R \sin \theta$ である．結晶部分の体積は $V_S = \pi R^3 (1 - \cos \theta)^2 (2 + \cos \theta)/3$ であり，結晶と液相の接する側面積が $A_{\text{SL}} = 2\pi R^2 (1 - \cos \theta)$，結晶と壁の間の面積が $A_{\text{WS}} = \pi R^2 \sin^2 \theta$ となる．そこで，結晶核を作ることによる自由エネルギーの変化は

$$\Delta F^{\text{het}} = -\frac{\Delta \mu}{v_S} V_S + (\gamma_{\text{WS}} - \gamma_{\text{WL}}) A_{\text{WS}} + \gamma_{\text{SL}} A_{\text{SL}}$$

$$= -\frac{\pi R^3}{3 v_S}(1 - \cos \theta)^2 (2 + \cos \theta) \Delta \mu + \pi R^2 \sin^2 \theta (\gamma_{\text{WS}} - \gamma_{\text{WL}})$$

$$+ 2\pi R^2 (1 - \cos \theta) \gamma_{\text{SL}}$$

(2.26)

と計算される．第2項は，壁面に液相が接していた部分が結晶におきかわったための界面自由エネルギーの変化である．

球の半径 R の関数として ΔF^{het} が最も大きくなるところを求めると，$\partial \Delta F^{\text{het}}/\partial R = 0$ の解に (2.25) を用いて，臨界半径は

§2.7 不均一核形成　35

$$R_c = \frac{2v_s \gamma_{SL}}{\Delta \mu} \tag{2.27}$$

と決まる．この臨界核半径は均一核形成の場合の (2.9) と同じで，結晶と液相の間の界面自由エネルギー γ_{SL} だけで決まっている．それは臨界核の形が液相と結晶核の間の平衡条件から決まるので，当然といえる．

一方，自由エネルギーの極大値は

$$\Delta F_c^{\text{het}} = \Delta F_c^{\text{homo}} \Phi(\theta) \tag{2.28}$$

$$\Phi(\theta) = \frac{(1-\cos\theta)^2(2+\cos\theta)}{4} \leq 1 \tag{2.29}$$

と計算される．これは均一核形成の自由エネルギー障壁 ΔF_c^{homo} に，接触角度 θ に依存する 1 より小さな幾何学的因子 $\Phi(\theta)$ が掛かったものとなっている．濡れ角 $\theta = \pi$ という全然濡れないときには $\Phi(\pi) = 1$ である．結晶核は完全球形になるので，均一核形成のときと同じエネルギー障壁なのである．一方，$\theta = 0$ という完全濡れのときには $\Delta F_c^{\text{het}} = 0$ となり，エネルギー障壁がなくなる．

このように一般に，結晶が壁を濡らすことができれば，不均一核形成の自由エネルギー障壁は均一核形成のそれより低くなる．わずかに自由エネルギーの障壁が下がるだけでも，(2.12) で与えられる核形成頻度 J_n は指数関数的に大きくなるので，壁からの不均一核形成は重要である．

[**例題 2.2**]　結晶の界面自由エネルギーは本当は異方的なので，壁面上の実際の結晶の形は多面体となる．単純に，図 2.11 のように面方位 n_j の結晶面が壁 W と接触しているときの不均一結晶核の形がどう決まるかを考えよ．

[**解**]　接触面積が A_j の界面の部分では，液相‐壁界面 WL が消えて，代わりに結晶‐壁 Wj 界面ができるので，(2.15) の界面自由エネルギーの表式の中で，$\gamma_j A_j$ の部分が $(\gamma_{Wj} - \gamma_{WL})A_j$ に

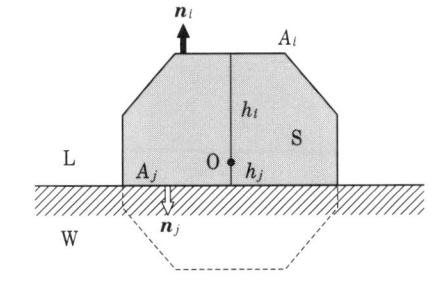

図 2.11　多面体結晶の不均一核形成

36   2. 結晶の誕生

おきかわる．したがって，§2.5 と同じように自由エネルギーの停留条件を考えると

$$\frac{\gamma_i}{h_i} = \frac{\gamma_{\mathrm{W}j} - \gamma_{\mathrm{WL}}}{h_j} = \frac{\Delta\mu}{2v_{\mathrm{s}}} = 一定 \tag{2.30}$$

というウルフの関係式が導ける．つまり，(2.16) 中の面 j の自由エネルギーが $\gamma_{j\mathrm{L}}$ から $\gamma_{\mathrm{W}j} - \gamma_{\mathrm{WL}}$ に変わっただけで，他の面 i に対しては何も変らない．そこで，多面体の不均一臨界核の形は，結晶の平衡形 (2.19) を適当な高さ h_j で切って，壁に乗せたような形になる．このとき，界面の自由エネルギー $\gamma_{\mathrm{W}j} - \gamma_{\mathrm{WL}}$ が小さければ h_j も小さくなり，負のこともありうる．したがって，結晶核の体積やそれに比例する自由エネルギー障壁 $\Delta F_{\mathrm{c}}^{\mathrm{het}}$ も小さくなる．

§2.8　幾何学的選別

壁が冷えているときには，特に壁で多数の核が不均一核形成される．これらの結晶核は隣り合ったもの同士でもその軸方位に相関がなく，隣接する結晶核の間で競合が生じる．つまり，成長速度の遅いものは速いものに邪魔されて成長できず，淘汰される（図 2.12）．壁に垂直方向に成長するものが一番効率的に成長できるので，そういった結晶だけが残り，結局 垂直方向に成長軸のそろった柱状組織ができる．このように，幾何学的要因で結晶の方位が選ばれ，多結晶の粒径が粗大化していく現象を幾何学的選別という．

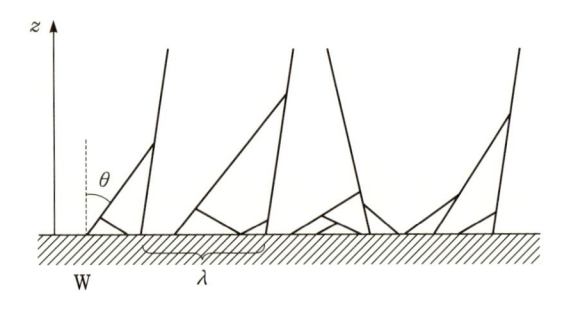

図 2.12　結晶粒の幾何学的選別による粗大化

[**例題 2.3**] 2次元系を考え，直線状の壁の上に多数の不均一核が作られたとする．結晶は特定の方向に非常に速く成長して針のように伸びるとする．この速さ v はどの結晶核でも同じだが，その成長の向きは壁に垂直な方向からの傾きを θ として，$-\pi/2 \leq \theta \leq \pi/2$ の間で完全にランダムとする．また，結晶が伸びていったとき，頭を抑えられると成長が止まるとする．最初，高さ $z=0$ で単位長さ当り N_0 個あった結晶のうち，高さ $z=h$ まで生き残っている数 $N(h)$ はどれだけか．また，結晶の向きはどれくらいの範囲にそろえられるか．

[**解**] 高さ h で生き残った結晶核の成長方向が $-\phi \leq \theta \leq \phi$ の範囲内になったとすると，それらの核間の距離は $\lambda = h\tan\phi \approx h\phi$ 程度である．したがって，単位長さの中で生き残っている個数は $N(h) \approx 1/\lambda \approx 1/h\phi$．一方，最初 $-\pi/2 \leq \theta \leq \pi/2$ の間に N_0 個あって，いまは角度の範囲が 2ϕ に狭まったので，$N(h) = N_0 \times (2\phi/\pi)$ のはずである．この2式が成立するためには，$\phi \sim \sqrt{\pi/2N_0 h}$, $N(h) \sim \sqrt{2N_0/h\pi}$ と定まる．つまり高くなると，生き残っている結晶の数は高さの平方根に反比例して少なくなっていき，これらが後でゆっくり横方向に太っていけば，成長方向のそろった大きな結晶ができることになる．

3次元の場合には，x 方向と y 方向が互いに独立と考えられるので，生き残り確率は両方向の積で与えられる．したがって，最初に単位面積当り N_0 個作られた結晶核は，高さ h では $N(h) = c\sqrt{N_0}/h$ 個のように少なくなっていく．こういった構造は，瑪瑙(めのう)や鋳物などでも見られる．

=== **演 習 問 題** ===

[**1**] 半径 r の毛細管を液体中に鉛直に立てたところ，図2.13のように，表面張力で液が管中を高さ h 上昇した．液体の密度を ρ，毛細管のガラスと液体との接触角を θ として，空気と液体の間の表面張力 γ が

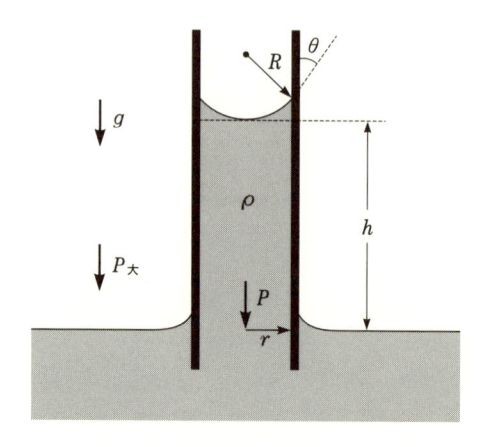

図 2.13　液中に立てた毛細管

$$\gamma = \frac{\rho g h r}{2 \cos \theta}$$

で求められることを示せ.

[2]　立方体の各頂点ばかりでなく，面の中心にも原子がいるような結晶格子を面心立方格子という．図 2.14 のように格子定数は立方体の一辺の長さ a である．

（1）1 つの原子の周りの最隣接格子点の数 z を求めよ.

（2）最隣接原子同士が結合エネルギー $-J$ をもっているとき，斜線を施した (0 0 1) 表面のエネルギー密度 γ_0 を求めよ．

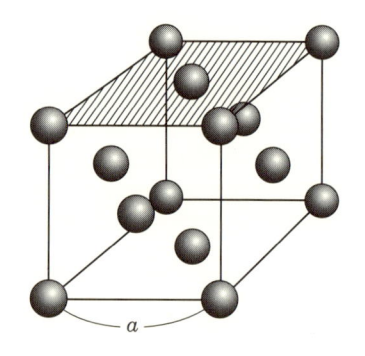

図 2.14　面心立方格子

[3]　結晶中の格子点に原子がいないことがあり，これを空孔という．原子がいるときと比べ，原子間の結合が切れているためにエネルギーが ε 高くなる．温度 T の熱平衡状態で結晶中に含まれる空孔の密度 n_v を求めよ．

[4]　水は氷点下 37°C 付近まで過冷却できるといわれているが，このときの核形成頻度を評価してみよう．水が 0°C ($T_M = 273.15$ K) で凍るときの潜熱が氷の体積

当り $\Delta h/v_s = 3.33 \times 10^8$ J/m³ である.また水の比熱が $C_P = 4.18 \times 10^6$ J/K·m³,氷と水の間の界面張力が $\gamma = 3.3 \times 10^{-2}$ J/m² であるとする.

（1） まず,氷が核形成するときの体積当りの化学ポテンシャルの下がり $\Delta\mu/v_s$ を (1.18) を用いて求めよ.

（2） (2.9) を用いて臨界核半径 R_c を,(2.10) より臨界核形成の自由エネルギー ΔF_c を求めよ.

（3） (2.12) の核形成頻度の表式中の因子 J_0 が,ある文献では $J_0 = 10^{54}$ 分子/m³·s と推定されている.このときの核形成頻度 J_n の値を求めよ.なお,ボルツマン定数は $k_B = 1.38 \times 10^{-23}$ J/K である.

[5] 正方格子をとる 2 次元結晶の界面エネルギーが
$$\gamma(\theta) = \gamma_0 (|\sin\theta| + |\cos\theta|)$$
と書かれるとき,ウルフの作図法に従って平衡形を描け.

[6] §2.6 で扱ったような,異方的界面自由エネルギー $\gamma(\theta)$ をもつ 2 次元結晶を考える.図 2.15 のように結晶界面の位置を $\boldsymbol{r} = (x, y)$ とし,そこでの界面の向きを角度 θ で表す.つまり,法線ベクトルは $\boldsymbol{n} = (\sin\theta, \cos\theta)$ である.簡単のためパラメーター $\lambda = \Delta\mu/v_s$ を導入して,以下の問に答えよ.

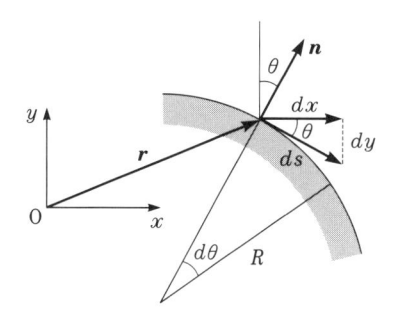

図 2.15 2 次元結晶の界面の一部.位置 $\boldsymbol{r}$ で面の法線ベクトル $\boldsymbol{n}$ は基準の方向から角度 θ 傾いている.微小長さ ds 進むと法線の角度は $d\theta$ 変るが,曲率半径 R と $ds = R\,d\theta$ という関係がある.また x 方向,y 方向の微小変化とは,$dx = ds\cos\theta, dy = -ds\sin\theta$ という関係がある.

（1） 2 次元系でのウルフの定理は (2.19) の代りに $\gamma_i/h_i = \lambda$ と書かれる.これを書き直すと,
$$\gamma(\theta) = \lambda(x\sin\theta + y\cos\theta)$$
となることを示せ.

40　2. 結晶の誕生

　（2） 図2.15のように，結晶界面に沿って長さ ds 動けば，x 方向に $dx = ds\cos\theta$，y 方向には $dy = -ds\sin\theta$ 移動する．このことを用いて，自由エネルギーの角度微分 $\gamma' = d\gamma/d\theta$ を求め，結晶の形が

$$x = \frac{1}{\lambda}(\gamma\sin\theta + \gamma'\cos\theta), \qquad y = \frac{1}{\lambda}(\gamma\cos\theta - \gamma'\sin\theta) \tag{2.31}$$

のように決まることを導け．

　（3） 位置 r での界面の曲率半径を R とすれば，図2.15に示されているように $ds = R\,d\theta$ の関係がある．これを用いて，2階微分 $\gamma'' = d^2\gamma/d\theta^2$ を計算し，ヘリングの関係式 $\gamma + \gamma'' = \lambda R$ を導け．

［7］ (2.22)で界面自由エネルギーが $\gamma(\theta) = \gamma_0(1 - \varepsilon\cos 4\theta)$ という角度依存性をもつときの界面スティフネスを求めよ．また，前問を用いて，$\varepsilon = 0.05$ のときの2次元的結晶の平衡形を作図せよ．

［8］ (2.19)を満たす多面体の臨界核の体積を V_c とすると，この核のもつ臨界核形成自由エネルギーが

$$\Delta F_c = \Delta\mu\frac{V_c}{2v_s} \tag{2.32}$$

となることを示せ．つまり，臨界核の体積 V_c が小さいほど，核形成しやすい．

［9］ 斜方晶の結晶で，x, y, z 軸に垂直な面の界面自由エネルギー密度の大きさ

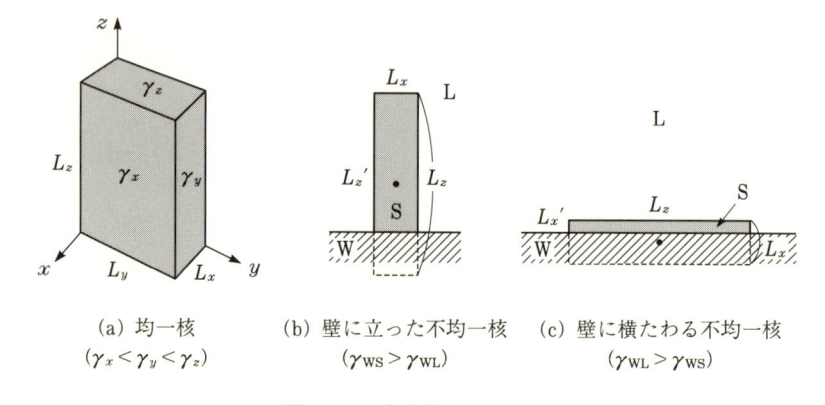

　　　(a) 均一核　　　　　(b) 壁に立った不均一核　　(c) 壁に横たわる不均一核
　　($\gamma_x < \gamma_y < \gamma_z$)　　　　($\gamma_{WS} > \gamma_{WL}$)　　　　　　($\gamma_{WL} > \gamma_{WS}$)

図2.16 直方体型の結晶核

が $\gamma_x < \gamma_y < \gamma_z$ となっているとする．

（1） 結晶化の駆動力が $\Delta\mu$ で，均一核形成によりできる臨界核が直方体になる（図 2.16 (a)）として，その各辺の長さ L_x, L_y, L_z と臨界核形成の自由エネルギー ΔF^{homo} を求めよ．

（2） この結晶が壁面に不均一核生成されるとき，壁面との界面エネルギーが皆同じならば，どの面で壁と接触するかを考える．壁面と結晶との界面自由エネルギー γ_{WS} が壁と環境相（液相）の界面自由エネルギー γ_{WL} より大きいと，図 (b) のように細長い結晶が壁に立つようになり，逆に $\gamma_{WS} < \gamma_{WL}$ ならば図 (c) のように平たい結晶が壁に寝るようになることを示せ．

塩・砂糖・チョコレート

結晶というと，すぐに鉄やシリコンを思い浮かべるかもしれないが，食品や薬品の中にも結晶のものが多い．たとえば，食卓塩や砂糖，味の素などは小さな結晶である．しかし，食塩水から水を蒸発させて結晶を作ると，あんなに大きさのそろった結晶はできないし，ヨーロッパの岩塩鉱山には人間大の結晶もあるという．また砂糖にも氷砂糖のような大きなものがある．食卓用にはすぐ溶けるように小さくて大きさのそろった粒状の結晶が大量にいるわけで，核発生の制御に工夫があるのだろう．

同じことはチョコレートにも当てはまる．チョコレートは口に含むととろりと溶ける舌ざわりがおいしさの重要ポイントだが，これは中に含まれるカカオバターという脂肪の結晶の性質によっている．カカオバターはちょうど体温くらいの32℃〜34℃が融点で，小さく安定な結晶がカカオマス中に均一に分散していて，食べるとすぐ溶け出し，あの食感を生み出している．

3 理想的成長

前章で，準安定な母相（気相や液相）の中に熱ゆらぎで結晶の核ができることをみたが，その後この核がどのように成長して大きくなっていくかを考えよう．

結晶が成長するためには，
1. 結晶化する原子を成長面まで輸送する（輸送過程）
2. 表面で原子を結晶相に組み入れる（表面カイネティクス）
3. 発生する潜熱や不純物などを運び去る（輸送過程）

ことが必要である．これらが順番に直列的に進行するため，どこかで遅い過程があれば，そこで結晶成長の速さが決定されることになる．この章では，すべての過程が非常にスムースにすばやく進行するという理想的な場合の結晶面の進行速度を考えよう．これは原子が結晶界面に触れればすぐ成長するという場合で，付着成長とよばれる．

この理想的な場合でも母相によって結晶化の駆動力を与えるものが違うため，いろいろの場合が考えられる．しかし駆動力 $\Delta\mu$ が小さな場合には，成長速度 V が $\Delta\mu$ に比例することが特徴である．

§3.1 融液成長

まず，これまで主として考察してきた，融けた純粋物質（**融液**）からの結晶成長を考える．これは一般には**凝固**とよばれ，融解の逆過程である．水が凍るのが一番身近な例であり，工業的なシリコン単結晶の引き上げ成長などもこれに当る．結晶相と母相である融液相の密度はほぼ等しいので，物質輸送の過程は考えなくてもよい．また，結晶成長の温度は一般に高く，界面は

荒れているため，表面での原子の組み込みも速い．したがって，潜熱の除去が問題となる．ここでは，これが素早く行われたときの，理想的な結晶成長について考えよう．

　液相中で原子は結晶と同じように密に詰まっているので，周りの原子と小突き合いながら熱振動している．その振動数は，ほぼ結晶の格子振動数 ν 程度である．つまり，液相の原子は1秒間に ν 回くらい，平均の位置の周りで動き回っている．しかしこの熱振動は規則的な振動ではなく，熱ゆらぎによるランダムなものである．そこでたまたまある熱振動で平均の原子間距離 a を越えて原子が動くと，これが拡散となる．もちろん，このような大きな距離を動くためには原子配置の大きな組み換えが必要であり，それには，図3.1に見られるような，大きな励起エネルギー E_d の障壁を越えなければならない．不規則な液体中ではこのエネルギー分布も不規則で，原子配置の時間ゆらぎに応じて変化しているだろうから，この値 E_d は平均的なもので，一応の目安である．この拡散のエネルギー障壁 E_d を乗り越える確率は，前章に出てきた統計力学に従って，$\nu e^{-E_d/k_B T}$ に比例している．さらに単位時間内に原子が動き回る距離の2乗が拡散定数に比例している（§7.2，7.3を参照）ので，液体中の原子の**拡散定数**は

$$D = \frac{\nu a^2}{6} e^{-E_d/k_B T} = \frac{k_B T}{6\pi \eta a} \tag{3.1}$$

となる．2番目の等式は**拡散定数** D と液体の**粘性係数** η とを関係付ける**アインシュタイン‐ストークスの関係式**である．

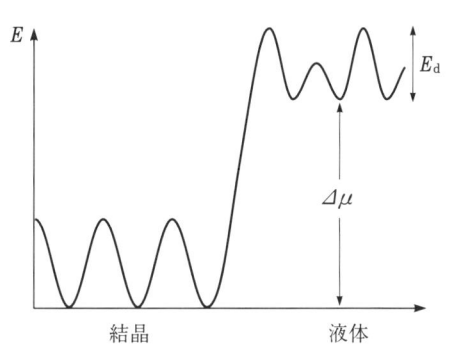

図3.1 結晶と接する液体中のエネルギー分布の様子

さて，結晶の隣にいる液体原子が熱運動で配置を変えている途中で，たまたま結晶の規則的配置に納まれば，結晶化が進行したと見なせるだろう．液体の可能な配置に比べて，規則化している結晶の配置は少ない．それは両者の配置の自由度の比 $W_S/W_L \sim e^{-\Delta s/k_B}$ 程度の割合だろう．ここで $\Delta s = s_L - s_S$ は液相と結晶の比エントロピーの差である．したがって，結晶化が起きる速さは $\nu e^{-E_d/k_B T} e^{-\Delta s/k_B}$ で与えられる．一方，結晶相にある原子も融けて液相に変ることができる．ただし，図3.1のように，結晶は液相よりももともと自由エネルギーが $\Delta \mu$ だけ低い状態にあるので，液体状態に転換するにはこの余分な自由エネルギーの差も必要で，結局 融ける方の割合は $e^{-\Delta \mu/k_B T}$ 倍だけ小さくなる．1つの原子が結晶化すると結晶界面は原子の大きさ a だけ前進するので，正味の成長速度は

$$V = a\nu e^{-E_d/k_B T} e^{-\Delta s/k_B}(1 - e^{-\Delta \mu/k_B T}) \tag{3.2}$$

と評価される．（なお，これ以降は体積としては結晶や気相の全体積を V_S, V_G 等と表記するので，成長速度 V と混同することはないであろう.)

過冷却度が小さく，結晶化の駆動力 $\Delta \mu$ が小さいときは，凝固速度は

$$V \approx K \frac{\Delta \mu}{k_B T} = K_T \frac{\Delta T}{T_M} \tag{3.3}$$

と近似でき，駆動力 $\Delta \mu$ や過冷却度 ΔT に比例する．ここで，

$$K = a\nu\, e^{-E_d/k_B T} e^{-\Delta s/k_B} = \frac{k_B T}{\pi a^2 \eta} e^{-\Delta s/k_B} \tag{3.4}$$

は**カイネティク係数**とよばれる．また，温度のカイネティク係数 K_T は(1.18)の関係式から1分子当りの潜熱 Δh を用いて，$K_T = K \Delta h/k_B T$ と定義される．このように，凝固速度が成長駆動力に比例するという表式(3.3)を**ウィルソン‐フレンケル則**という．この表式は，すべての結晶化過程が素早く進行したという理想的な条件のときのものである．しかし実際には界面での原子の組込みが遅かったり，潜熱の除去が遅かったりすると，もっと遅

い成長しかできないことが後の章で示される．

ウィルソン‐フレンケル則(3.2)による成長速度の温度依存性を図示すれば，図3.2のようになる．融点 T_M 近くでは温度を下げると成長速度が増すが，温度が下がりすぎると成長が止まってしまう．

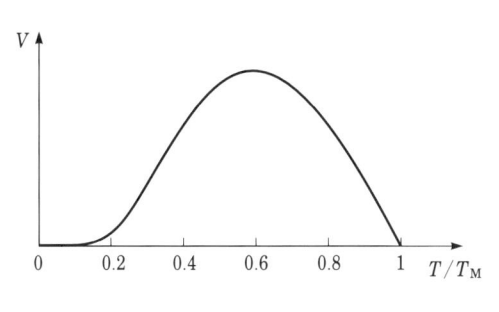

図 3.2 過冷却液体の成長速度

これはカイネティック係数 K が液相の粘性係数 η に反比例していて，低温で(3.4)のように指数関数的に小さくなるためである．このような振舞はシリコン結晶に対する分子動力学シミュレーションで確かめられている．一方，アルゴンに対するシミュレーションでは，もっと大きな結晶化の速度が得られた．そこでは，カイネティック係数が温度の指数関数ではなく，温度の平方根，つまり原子の熱速度に比例していた．このように活性化エネルギーが必要でなくなるのは，液相中の原子の配置変換が，1個1個の原子のばらばらな動きではなく，集団的な運動によるためであると解釈されている．また結晶近くの液相の構造には，結晶の周期性を反映するような名残りが見られ，固液の界面はずっと広がったものと見られている．いずれにせよ，液体に対しては，気体，結晶のようなよいモデルが作れないため，理論的理解が進んでいない．特に結晶化の起きるほど高密度の液体についてはあまりわかっていない．このためカイネティック係数に関する上の議論は，あまり字義的に捕らえるのではなく，あくまで模式的な説明と考えるのが順当であろう．

§3.2　気相成長

結晶は母相が気相であっても成長できる．これは結晶が気化する**昇華**過程の逆過程で，**蒸着**とよばれたり，ときにはこちらも昇華とよばれる．たとえ

ば，雪は水蒸気が結晶化したものであり，液体である水が結晶化した氷とは違った成長の仕方をする．平らな結晶表面上に原子レベルで制御された構造を作るときなどに用いられる**分子線エピタキシー** (Molecular Beam Epitaxy, **MBE**) などの技術も，この範疇に属する．

気相については理想気体という非常にはっきりしたモデルがあり，そこからの結晶の成長の理論もすっきりしている．そこで理想的な場合に，気相からの結晶成長速度を求めてみよう．これは気体分子運動論のよい練習問題である．周りの気相は希薄であり，温度 T，圧力 P の理想気体と見なす．ボイル–シャルルの法則により，体積 V_G の気相中には $N_G = PV_G/k_B T$ 個の分子がいる．しかしミクロに見れば，図3.3のようにその各々はいろいろな速度 $\boldsymbol{v} = (v_x, v_y, v_z)$ をもって飛び回っている．1つの分子の質量を m とすると運動エネルギーが $m\boldsymbol{v}^2/2$

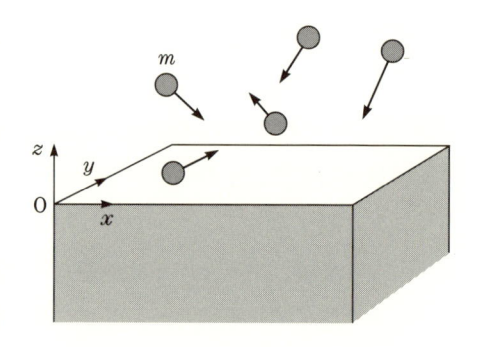

図3.3 結晶と接する気体中の原子

なので，前章の統計力学に従って，速度が $\boldsymbol{v}$ となる確率はマクスウェル–ボルツマン分布

$$\Pr(\boldsymbol{v})\, d\boldsymbol{v} = \left(\frac{m}{2\pi k_B T}\right)^{3/2} \exp\left(-\frac{m\boldsymbol{v}^2}{2k_B T}\right) d\boldsymbol{v} \tag{3.5}$$

で与えられる．ここで，$d\boldsymbol{v} = dv_x\, dv_y\, dv_z$ であり，指数関数の前の因子は全確率が1になる $\left(\int \Pr(\boldsymbol{v})\, d\boldsymbol{v} = 1\right)$ という規格化の条件から決まる定数である．

さて，$z = 0$ の面に上から飛び込んでくる分子は，図3.3に示すように z 方向に負の速度をもっているので，単位時間に単位面積に飛び込んでくる分

子の数 (流束)，つまり蒸着率は

$$F(P) = \int_{-\infty}^{\infty} dv_x \int_{-\infty}^{\infty} dv_y \int_{-\infty}^{0} dv_z \, n_G \, |v_z| \, \Pr(\boldsymbol{v})$$

$$= \frac{P}{\sqrt{2\pi m k_B T}} \tag{3.6}$$

となる．ここで，$n_G = N_G/V_G$ は気相中の分子数密度で，圧力 P とは $n_G = P/k_B T$ の関係がある．

[問 1] (3.6) を導け．

気相から原子が飛び込んでくるのと逆に，結晶表面からも原子が蒸発していく．その流束 F_{out} は結晶の温度だけで決まり，周りの気相の様子にはよらないと考えられる．またこの流れは，気相が熱平衡蒸気圧 P_{eq} にあるときには，結晶表面に飛び込んでくる流束とつり合っているはずである ($F_{\text{out}} = F(P_{\text{eq}})$)．したがって，結晶の成長速度 V は 1 つの原子の表面積 a^2 に飛び込んでくる粒子数とそこから出て行くものとの差に，高さ a を掛けて

$$V = a^3 \left[F(P) - F(P_{\text{eq}}) \right] = \frac{v_s (P - P_{\text{eq}})}{\sqrt{2\pi m k_B T}} \tag{3.7}$$

と定まる．ここで $v_s = a^3$ は結晶中の分子の体積である．この成長速度の表式は**ヘルツ - クヌーセンの式**とよばれる．

成長速度が過圧力 $\Delta P = P - P_{\text{eq}}$ に比例することが示されたが，結晶化の駆動力である化学ポテンシャルを用いるとどう書けるかを調べよう．理想気体の化学ポテンシャルは第 1 章の演習問題 [1] で計算されており，$\mu_G(T, P) = k_B T \ln P + f(T)$ だった．ここで，$f(T)$ は温度 T だけの関数である．一方，結晶の化学ポテンシャル μ_S は気相の圧力にはよらず，温度だけで決まると仮定できる．すると，これは熱平衡にある気相の化学ポテンシャル $\mu_G(T, P_{\text{eq}})$ に等しいはずなので，気相と結晶との化学ポテンシャルの差は

$$\Delta\mu = \mu_G(T, P) - \mu_S(T) = \mu_G(T, P) - \mu_G(T, P_{eq})$$
$$= k_B T \ln \frac{P}{P_{eq}} \tag{3.8}$$

となる.したがって,結晶の成長速度 (3.7) は化学ポテンシャル差を用いると,

$$V = v_S F_{eq} (e^{\Delta\mu/k_B T} - 1) \approx K \frac{\Delta\mu}{k_B T} \tag{3.9}$$

のように,やはり結晶化の駆動力 $\Delta\mu$ に比例する形で近似できる.ここで $F_{eq} = F(P_{eq}) = P_{eq}/\sqrt{2\pi m k_B T}$ であり,カイネティク係数は $K = v_S F_{eq}$ である.

ヘルツ‐クヌーセンの式 (3.7),(3.9) は結晶表面に達した原子がすぐ結晶化すると想定しているが,一般には気相と接触する結晶表面は平らなファセットとなっており,結晶表面に吸着した原子はなかなか結晶に取り込まれない.このときには表面でのカイネティクスが重要である.この場合には,第5章で論じられるように,成長速度は理想的な表式 (3.9) より小さくなる.

§3.3 溶液成長

塩の結晶を作るとき,NaCl を高温(800°C 以上)で融かして融液成長させようとか,さらに熱して (1467°C 以上) 気体にして気相成長しようという人はいないであろう.このような高温にしなければ融けないような物質でも,適当な溶媒に対しては低い温度でも溶けることがある.すると,この**溶液**の温度を下げたり,溶媒を蒸発させたりして過飽和度を上げ,望みの物質を結晶化させることができる.たとえば,明礬(みょうばん)や食塩を水溶液から結晶化させるというのはその例である.また水晶発振機のための人工水晶も,高温高圧のアルカリ水溶液に SiO_2 を溶かした中に種結晶を入れて,それを成長させている.これら溶液からの成長では,結晶化するべき分子が結晶近くにはあ

§3.3 溶液成長

まりいないので，物質輸送も問題となる．しかし，ここではすべてが非常に速く進行したとしたときの，理想的な結晶成長について考察しよう．

濃度 C の溶液から結晶が成長するときの成長速度を見積もろう．結晶表面近くの原子体積 v_s の領域で結晶化が起きれば，結晶表面は高さ a だけ前進す

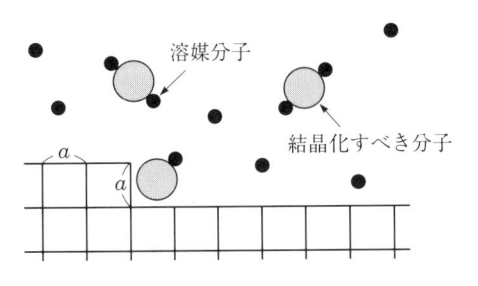

図 3.4 希薄溶液からの結晶成長．結晶化するべき原子は溶媒分子との結合を壊さなければいけない．

る．しかし，図3.4のように，まずこの領域内に結晶化すべき分子がいなければならないので，その確率は Cv_s で与えられる．この分子は融液成長のときと同様，振動数 ν で熱振動している．しかし融液の場合とは違って，溶液内では分子が周りの溶媒分子と結合しているのが普通である．これを溶媒和効果という．そのため，この溶媒和を切り離すのに脱溶媒和エネルギー E_des がいる．この脱溶媒和過程が一般には遅くて，溶液からの結晶成長を支配しているといわれる．そこで全過程をまとめて眺めると，単位時間に原子面積当りに結晶化してくる原子数は $Cv_\mathrm{s}\nu\,e^{-E_\mathrm{des}/k_\mathrm{B}T}$ と与えられる．

一方，結晶の方からも分子が溶液中に溶け出していくが，その量は温度 T だけの関数である．溶液が飽和濃度 $C_\mathrm{eq}(T)$ のときに分子の出入りがつり合っているはずなので，溶け出していく分子数は，$C_\mathrm{eq}(T)$ での結晶化率と同じであろう．したがって，正味の結晶成長速度は，結晶化する粒子数の流れから溶け出す流れを引いて，1分子の高さ a を掛けて

$$V = \nu a v_\mathrm{s} e^{-E_\mathrm{des}/k_\mathrm{B}T}[C - C_\mathrm{eq}(T)] \tag{3.10}$$

と評価される．このように溶液からの結晶の成長速度は**過飽和度** $C - C_\mathrm{eq}(T)$ に比例している．

この成長速度と溶液中の化学ポテンシャルとの関係を調べてみよう．溶液

が非常に希薄な場合には，溶質分子間の相互作用は無視できる．すると第1章の演習問題［2］のような理想気体の混合と同じく，全系のギブスの自由エネルギーに混合のエントロピー $-k_B \ln C$ の寄与が加わる．そこで，溶質の化学ポテンシャルは $\mu_{sol}(T, C) = \mu_0(T) + k_B T \ln C$ と書かれる．ここで，$\mu_0(T)$ は溶質分子だけがあったときの純粋系の化学ポテンシャルである．したがって，結晶が成長しているときの溶質の化学ポテンシャル μ_{sol} と結晶相のもの μ_s の差は

$$\Delta\mu = \mu_{sol}(T, C) - \mu_s(T) = \mu_{sol}(T, C) - \mu_{sol}(T, C_{eq})$$
$$= k_B T \ln \frac{C}{C_{eq}(T)} \tag{3.11}$$

のように，濃度の過飽和度と関係している．この濃度と化学ポテンシャルの関係 (3.11) は，気相成長での圧力と化学ポテンシャルの関係 (3.8) と類似している．これを用いると，成長速度は

$$V = \nu a v_s e^{-E_{des}/k_B T} C_{eq}(e^{\Delta\mu/k_B T} - 1) \approx K \frac{\Delta\mu}{k_B T} \tag{3.12}$$

となり，小さな過飽和度のときは $\Delta\mu$ に比例することがわかる．ここでのカイネティック係数は $K = \nu a v_s C_{eq} e^{-E_{des}/k_B T}$ で与えられる．

§3.4 成長形

これまでの議論から，結晶成長に関わるすべての過程が素早く進行する理想的な場合には，結晶面の成長速度は成長の駆動力である化学ポテンシャルの差 $\Delta\mu$ に比例することが示された．そして比例係数がカイネティック係数であった．これは，1つの結晶表面が無限に広がっていた場合の話である．しかし，核形成でできた結晶は有限の大きさをもち，結晶表面はいろいろな方向を向いている．面ごとにカイネティック係数が違っているとき，成長中の結晶全体の形，つまり**成長形**はどうなるのだろう．

§3.4 成 長 形

結晶の成長はやはり理想的で，潜熱の除去や物質のやり取りは十分速いとする．すると結晶の成長速度は，いままでと同様 駆動力に比例しているであろう．ただし，いまは有限の大きさの結晶を考え，しかもその表面はいろいろな方向 $\bm{n}_i$ を向いている．結晶は§2.5 と同様，表面張力 γ_i をもつ面 A_i で囲まれた多面体とする．結晶の中心（ウルフ点）から面 A_i までの法線距離を h_i とすれば，全体積は $V_\mathrm{S} = \sum_i h_i A_i/3$ であり，結晶核の生成自由エネルギーはすでに (2.15) に記したように

$$\Delta F = -\Delta\mu \frac{V_\mathrm{S}}{v_\mathrm{S}} + \sum_i \gamma_i A_i \tag{3.13}$$

と書ける．もし結晶が i 方向に成長して法線距離が δh_i だけ伸びると，体積が $\delta V_\mathrm{S} = A_i\,\delta h_i$ 大きくなり，結晶原子の数が $\delta N = \delta V_\mathrm{S}/v_\mathrm{S}$ 増す．熱力学的システムの時間発展は，熱力学第 2 法則により，自由エネルギーを下げる方向でなければならないので，表面の法線速度は

$$\begin{aligned}\frac{\partial h_i}{\partial t} &= -\frac{K_i}{k_\mathrm{B} T}\frac{\delta \Delta F}{\delta N} = -\frac{K_i}{k_\mathrm{B} T}\frac{v_\mathrm{S}}{A_i}\frac{\partial \Delta F}{\partial h_i}\\ &= -\frac{K_i}{k_\mathrm{B} T}\frac{2v_\mathrm{S}}{h_i}\frac{\partial \Delta F}{\partial A_i}\end{aligned} \tag{3.14}$$

で決まると考えられる．ここで K_i は一般には面の方位に依存した異方的なカイネティク係数であり，また $h_i\,\delta A_i = 2A_i\,\delta h_i$ を用いた．§2.5 で行ったのと同様に右辺の変分を計算すれば，

$$\boxed{\frac{\partial h_i}{\partial t} = \frac{K_i}{k_\mathrm{B} T}\left(\Delta\mu - \frac{2v_\mathrm{S}\gamma_i}{h_i}\right)} \tag{3.15}$$

を得る．結晶が成長したり融けたりしない平衡状態では右辺 = 0 より，ウルフの関係式 (2.19) が再現される．また，ヘリングの関係式 (2.24) に対応するものを用いれば，法線が $\bm{n}$ の方向を向いて，曲率半径が R_1, R_2 である面の法線方向への成長速度 $V(\bm{n})$ は

52　3. 理想的成長

$$V(\boldsymbol{n}) = \frac{K(\boldsymbol{n})}{k_\mathrm{B} T} \left[\Delta\mu - v_\mathrm{s} \left(\frac{\tilde{\gamma}_1}{R_1} + \frac{\tilde{\gamma}_2}{R_2} \right) \right] \qquad (3.16)$$

で与えられる．

　結晶が大きくなって，面までの法線距離 h_i が遠くなったり，局所的曲率 $1/R_1, 1/R_2$ が小さくなれば，(3.15)，(3.16) の中の表面自由エネルギーに関係した右辺第2項が無視できて，面の成長速度が駆動力に比例する．これはこれまでの3つの節で導いた，無限に広い平面の理想的成長則と合致している．つまり，異なる向きの結晶面の成長速度はカイネティク係数 K の面方位依存性だけで決まることになる．

　結晶が最初小さな点状のものから出発したとすれば，時間 t 経って大きくなった結晶の成長面へ中心から下ろした垂線の長さは，$h_i = K_i \Delta\mu t / k_\mathrm{B} T$ となる．これを

$$\frac{K_i}{h_i} = \frac{k_\mathrm{B} T}{\Delta\mu\, t} \qquad (3.17)$$

と書き直してみると，カイネティク係数と垂線の長さが面の向きによらない定数となり，ウルフの関係式 (2.19) とよく似ている．異方的な表面張力 γ_i の代りにカイネティク係数 K_i におきかわっているだけである．したがって，成長中の結晶の形も§2.3と似た作図法で決定することができる．つまり，図3.5のように，ある点から界面の法線 $\boldsymbol{n}$ 方向に，その面のカイネティク係数 $K(\boldsymbol{n})$ に比例する長さの

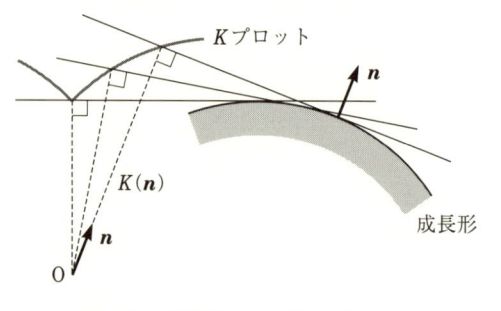

図3.5　成長形のウルフ・プロット

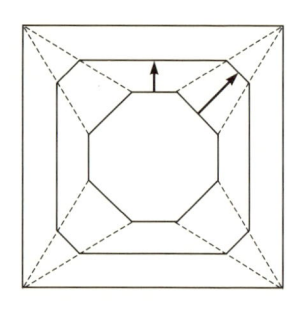

図3.6　速度の遅い面が成長形を決める．

動径ベクトルを描き，その先端に垂直な平面を描くと，その包絡面が結晶の定常的な成長形 r を与える．

一方，非定常な成長形も $V_i = K_i \Delta\mu/k_B T$ を用いれば，簡単に決められる．たとえば図3.6のように，最初は速く成長する面と遅い面とが共存した形であっても，時間が経つと結晶はカイネティク係数 $K(\bm{n})$ の小さな，ゆっくり成長する方向の面で囲まれたものになる．

§3.5 晶相変化と晶癖変化

立方格子の結晶が多面体結晶となるときは図3.7(a)に示すような $\{100\}$

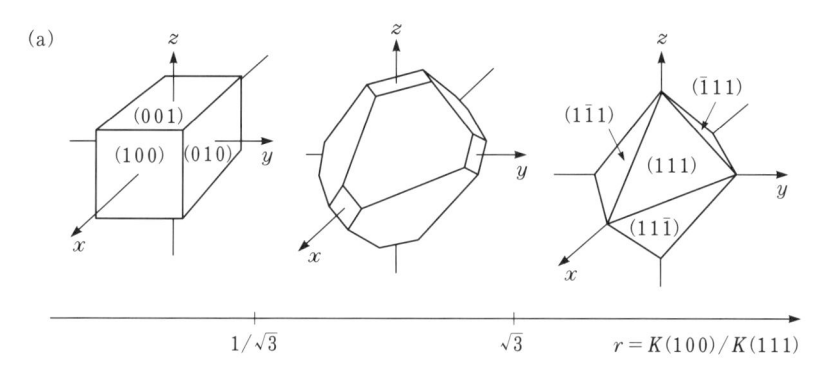

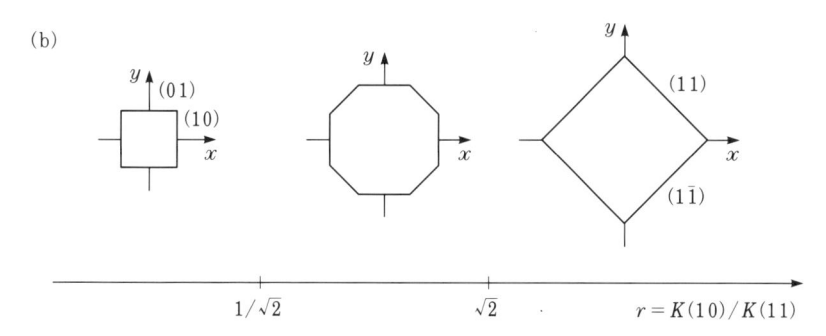

図3.7 (a) 立方晶結晶の成長形の晶相変化．$\{100\}$面と$\{111\}$面のカイネティク係数の比 $r = K(100)/K(111)$ の値によって，正六面体と正八面体の間で移り変る．
(b) 正方格子をもつ2次元結晶の成長形の晶相変化．$\{10\}$面と$\{11\}$面のカイネティク係数の比 $r = K(10)/K(11)$ を変えている．

面 ((1 0 0), (0 1 0), (0 0 1), ($\bar{1}$ 0 0), (0 $\bar{1}$ 0), (0 0 $\bar{1}$) の 6 枚の面の総称) と {1 1 1}面 ((1 1 1), ($\bar{1}$ 1 1), (1 $\bar{1}$ 1), (1 1 $\bar{1}$), ($\bar{1}$ $\bar{1}$ 1), ($\bar{1}$ 1 $\bar{1}$), (1 $\bar{1}$ $\bar{1}$), ($\bar{1}$ $\bar{1}$ $\bar{1}$)) の 8 枚の面の総称) とが現れることが多い。それは [1 0 0] 方向のカイネティク係数 K(1 0 0) と [1 1 1] 方向の K(1 1 1) が小さいからである.

それでは両者の比 $r = K(1\,0\,0)/K(1\,1\,1)$ と結晶の形の関係はどのようになっているだろう。十分大きな結晶で各面が中心から一定の速度 $K\varDelta\mu/k_B T$ で成長しているときには,図 3.7 (a) に示すように,$r < 1/\sqrt{3}$ であれば成長形は {1 0 0} 面から成る正六面体,$r > \sqrt{3}$ であれば {1 1 1} 面だけから成る正八面体になり,$1/\sqrt{3} < r < \sqrt{3}$ であれば {1 1 1} 面と {1 0 0} 面両方をもつ形となると予想される.2 次元の場合(図 3.7 (b))の同様な形の変化は,演習問題 [2] で扱われている。もし環境が変化して r が変れば結晶の表に出ている面が変化するが,これを**晶相変化**という.

一方,すべてが {1 0 0} 面で囲まれた六面体でも,不純物や転位の導入などの外的要因で (0 0 1) 面と (1 0 0), (0 1 0) 面のカイネティク係数が異なることも起き得る。たとえば図 3.8 のように,(0 0 1) 面のカイネティク係数が他のより大きければ,棒状に伸びた成長形となる。逆に K(0 0 1) が他より

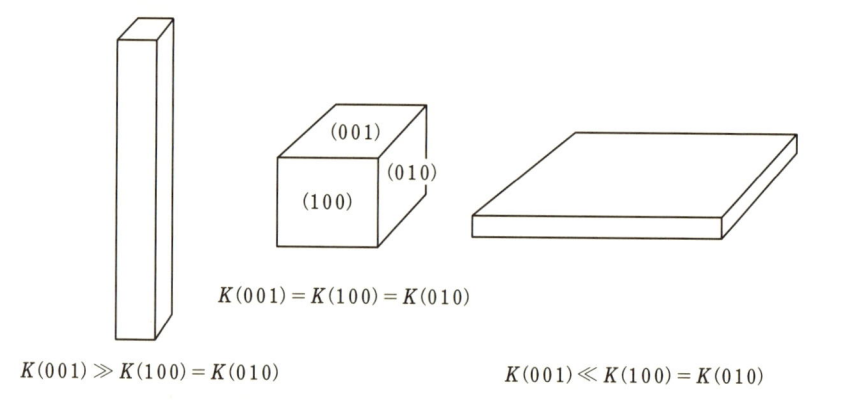

図 3.8 立方晶結晶の成長形の晶癖変化

小さければ，結晶は平板状になる．これらの形の違いは等価な面の広さが違うものなので，**晶癖変化**とよばれる．

═══════════════ 演 習 問 題 ═══════════════

[1] 結晶の形の変化が (3.14) に従っていると，自由エネルギー ΔF は必ず減っていくことを示せ．

[2] 正方格子の 2 次元結晶の成長形を調べるが，$\{1\,0\}$ 面と $\{1\,1\}$ 面以外は考えなくてよいとする．点状の結晶核から成長を始めたとき，図 3.7 (b) のように，2 つの面のカイネティク係数の比 $r = K(1\,0)/K(1\,1)$ が $\sqrt{2}$ より大きいと $\{1\,1\}$ 面で囲まれた四角形となり，$r < 1/\sqrt{2}$ なら $\{1\,0\}$ 面で囲まれた正方形となり，その間では両方の面で囲まれた多角形になることを，図を用いて示せ．

[3] 球状の結晶が過冷却液体から成長しているとする．界面張力が等方的なとき，(3.3) の代りに，半径 R の増加速度が $V = \dot{R} = K_\mathrm{T}(\Delta T/T_\mathrm{M})(1 - R_\mathrm{c}/R)$ となることを示せ．ただし，$R_\mathrm{c} = 2v_\mathrm{s}\gamma T_\mathrm{M}/(\Delta T\,\Delta h)$ は (2.9) の臨界核半径である．

[4] 母相の中で熱ゆらぎで形成された結晶核が一定の速度で大きくなっていくときに，母相全体の結晶化している割合がどう時間変化するかを考える．つまり，結晶核形成頻度を J_n，一定の成長速度を V として，結晶化開始後 時間 t 経ったときに系の中のある点 P が結晶化している確率 $P(t)$，またはまだ結晶化していない確率 $\Theta(t) = 1 - P(t)$ の時間変化を調べる．それには時刻 t に結晶化されていなかった点 P が，時間 dt 経つ間に結晶化してしまう割合を求めればよい．

（1） 時刻 t_0 に，点 P から距離 R 離れた点 O で結晶核が生成されたとする．この結晶核が点 P に達する時刻 t_1 を求めよ．また，t_1 が時刻 t と $t + dt$ の間にあるためには，点 O はどんな領域（図 3.9 (a) の斜線を施した領域）内にある

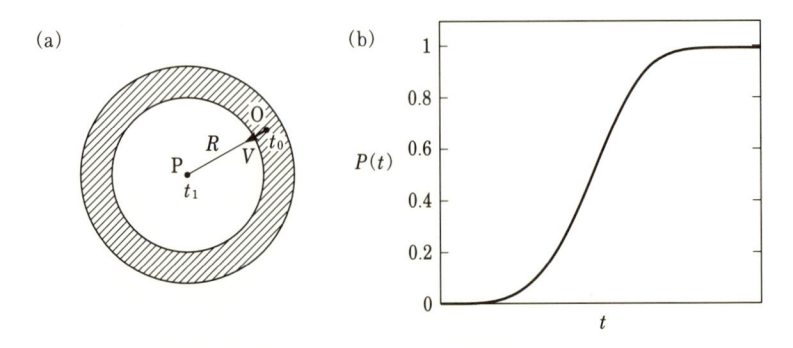

図 3.9 (a) 時刻 t と $t+dt$ の間で点 P が結晶化されるためには, 時刻 t_0 に斜線の領域内で結晶核が形成されなければいけない.
(b) 3 次元核形成により点 P が結晶化される割合の時間変化

はずか. また, その領域の体積が dt の 1 次の範囲で $4\pi V^3(t-t_0)^2\,dt$ となることを示せ.

（2） 時刻 t_0 から t_0+dt_0 の間に, この領域で発生する結晶核の数は $J_n\,dt_0\cdot 4\pi V^3(t-t_0)^2\,dt$ となることを示せ.

（3） 結晶核の発生する時間 t_0 は, 成長を始めてからいまの時刻 t までいつでもよい. そこで t_0 について時刻 0 から t まで積分することにより, 時刻 t と $t+dt$ の間に点 P に達する結晶核の総数 dN を求めよ.

（4） 時刻 t に点 P が結晶化されていない確率が $\Theta(t)$ であったので, dt 時間に結晶化が起きて $\Theta(t)$ が減る割合 $d\Theta(t)$ は $d\Theta(t)=-\Theta(t)\,dN$ で与えられる. この式を解いて $\Theta(t)$ を求め,

$$P(t)=1-e^{-4\pi J_n V^3 t^4}$$

となることを示せ. これはアブラミ-コルモゴロフ-ジョンソン-メールの式とよばれ, 図 3.9 (b) のように時間変化する. 最初は核形成を待つので結晶化している割合はあまり増えない ($P(t)\sim J_n V^3 t^4$) が, 途中で急激に増加し, 最後はまだ結晶化していない部分が少なくなるので, ゆっくりと全体が結晶化する ($P\sim 1$) という変化を示す.

成長形と原子

結晶の形は多面体というだけでなく，きれいな対称性をもつことが多い．たとえば雪の結晶は6本の腕を伸ばした樹枝状結晶であったり，またときには腕のない六角板や六角柱になる．このような六角形の対称性に初めて気付いたドイツの天文学者ケプラーは，1611年に「新年の贈り物 —六角の雪—」を出版している．その中で，対称性は物質を構成する小さな要素を規則正しく配列するときに生じると述べている．また顕微鏡で見た世界を1665年に図版「ミクログラフィア」にして出版したロバート・フックは，雪の結晶のスケッチを残したり，明礬の結晶のさまざまな形が球を並べることで説明できることを図解している．これらはいまの原子，分子の考えに通じるものであり，観測事実に基づく提案で，ギリシャ時代の原子のような思索の産物ではない．しかし，本当にその実在を裏付けるには19世紀末の統計力学，20世紀初頭の量子力学を待たねばならなかった．

4 表面構造とラフニング

　実際の結晶成長の速さが理想的なものからずれるのは，結晶表面構造と関係がある．そもそも，結晶の表面は真っ平らなのだろうか？　それとも凹凸しているのだろうか？　原子が結晶の表面にくっ付けば結晶化したといえるのだろうか？　表面への取り込みカイネティクスとは何を指すのだろうか？　これらの言葉の意味は，結晶表面を原子的レベルで考えると理解できる．特に，結晶表面は温度によって熱的に荒れた面と平らな面に区別され，それぞれの場合で成長の仕方が異なる．

§4.1　テラス，ステップ，キンク

　生物が成長するときは細胞が大きくなって分裂をくり返し，いわば内から育っていく．したがって，内に取り込む栄養や代謝が成長に重要な役割を果たしている．一方，結晶が大きくなるときは その**表面**に原子分子がくっ付いて太っていく．そこで，結晶の表面がどんな状態であるかが結晶成長を制御する重要な要素の一つであることが推察される．

　ところで，光沢をもってきらきら光る金属や宝石などの結晶の表面を見ていると，結晶表面は真っ平らに思える．もし原子的解像度で見ても平らなら，この面は**ファセット**とよばれる．一般に，表面では結晶原子間の結合が切れているのでエネルギーが上昇していて，これが表面エネルギーや界面エネルギーとよばれることは既に§2.2で述べた．ファセット面というのは原子間の結合があまり切れていなくて，エネルギーの損が少ない面である．

しかし完全に平らで起伏のない面というのは，微視的に見ると一つの状態しかないのでエントロピーはゼロである．一方，凹凸した面ではどこが出っ張りどこが凹むかの場所がいろいろあるため，エントロピーが大きい．そのため，エネルギーは損しても温度さえ高ければエントロピーで得できるので，高温では表面に起伏が生じる．そこで§1.1で論じたような相転移が結晶表面でも起きる可能性がある．

これから表面のでこぼこを考えていくので，まず必要な言葉を説明する．

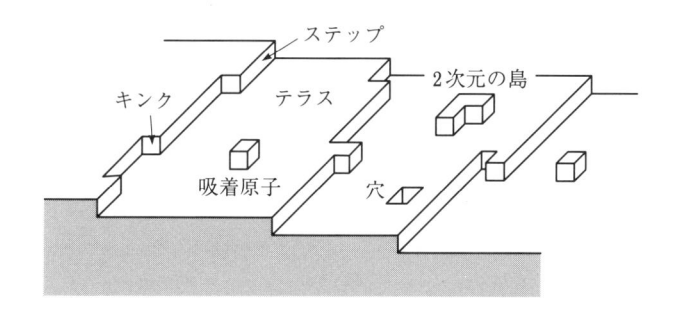

図4.1 結晶表面のさまざまな構造と名称

少し凹凸した結晶表面の模式図4.1を見てみよう．表面の平らな部分を**テラス**といい，高さの違うテラスの間の階段を**ステップ**という．（レッジとよぶこともある．）また，ステップがまっすぐである必要はなく，折れ曲がっていると そこは**キンク**とよばれる．その他にも結晶表面には単独で下地と結合している**吸着原子**とか，それらの集まった**島**とか，平らな表面から原子が抜けてしまった**穴**（**空孔**）とかいろいろな構造がある．こういったさまざまの表面の構造は，原子を1つ1つ触って見れる走査型トンネル顕微鏡（STM）や原子間力顕微鏡（AFM）などによって実験的に観測されている．

§4.2 結晶化とは

そもそも，原子が結晶になる，結晶が成長する，というのはどういうこと

だろう．図4.2のように，原子が結晶表面にやってくれば，それだけで結晶化したと思ってよいのだろうか．しかし，結晶と同じ格子位置に入ったとしても，表面には平らなテラス部分の他に，ステップやキンクもある（図4.1, 4.3）．原子が結晶表面上のどこに付けば結晶化したと見なせるのだろうか．

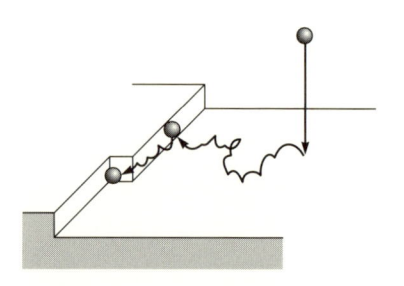

図4.2 結晶表面に蒸着した原子が結晶に組み込まれるまで

図4.3(b) に示されるように，平らな表面上の吸着原子位置Aでは下地との結合は少ないので，容易に表面から脱離したり，表面上の別の場所に移動したりできる．移動していってステップと接触した原子Sは，ステップの縁の原子と結合を作れるのでエネルギー的に得である．さらにキンクKまできた原子は，もっと結合が増える．そのどこにきたら，結晶になったと見なせるのだろうか．

そこで，まず結晶の中にいる原子がどれくらいのエネルギーをもっているかを考える．結晶格子の中では原子は隣り合う原子と結合を作って，エネル

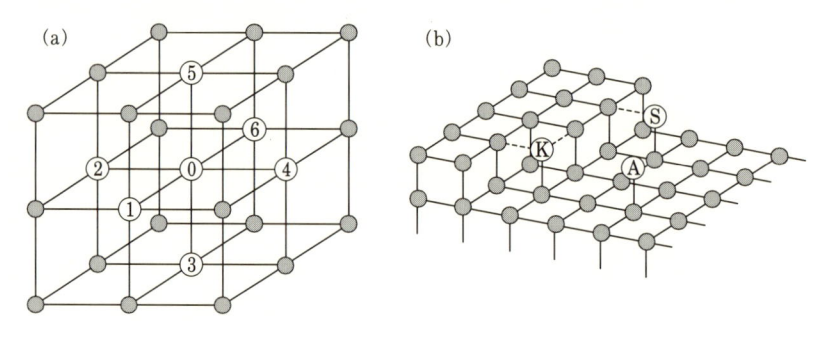

図4.3 (a) 単純立方格子結晶．0番の原子は1～6番の原子と最近接結合を作っている．
(b) (001)面上の吸着位置A，ステップ位置S，キンク位置K．

ギーを下げている．たとえば図 4.3 (a) のような単純立方格子の結晶の中では，1 つの原子が $z=6$ 個の最近接格子位置にいる原子と結合を作っている．結合 1 本当りのエネルギーの下がりを J としよう．1 本の結合は 2 つの原子に共有されているので，1 原子当りのエネルギーの低下は $-zJ/2$ である．そこで結晶中の原子をバラバラにして気相に昇華するためには，1 原子当り $zJ/2$ のエネルギーが必要である．これが**昇華熱** Δh であり，

$$\Delta h = \frac{zJ}{2} \tag{4.1}$$

となる．その逆に，表面に吸着した原子が周りの $z/2$ 個の結晶原子と結合を作れば，エネルギーは $zJ/2$ だけ下がるので，これは結晶化したと見なせる．

図 4.3 (b) のような，単純立方結晶の少し凹凸した (0 0 1) 面を見ると，吸着位置 A，ステップ位置 S，キンク位置 K のうち，$z/2=3$ 個の結合を作るのはキンク位置である．ここまでやってくれば，吸着原子は結晶化したことになる．つまり，原子は完全に結晶の中に埋もれる必要はなく，**キンク位置**に組み込まれれば**結晶化**したと見なせる．そこで表面にキンクがふんだんにあれば，結晶は成長しやすいだろう．このとき理想的成長則が可能になる．一方，表面にキンクが少なければ，せっかく表面に飛び込んできても，原子の中には結晶化できずに表面から飛び去るものもある．すると成長速度が遅くなってしまう．このように，結晶の成長速度は表面の荒さによって左右される．

それでは，具体的に表面の様子を原子のレベルで見てみよう．たとえば単純立方格子結晶には図 4.4 に示すような典型的表面がある．図 4.4 (a) の (0 0 1) 面はステップもキンクもない平らな面で，**特異面**とよばれる．一方，図 (c) の (1 1 1) 面はキンクだらけであり，ここに吸着した原子はすぐ結晶化したと見なせる．それでこの面では前章で議論した理想的成長則が成り立つだろう．図 (b) の (1 1 0) 面はその中間でステップだけで覆われ，キンクは 1 つもない．このように表面のキンクのあり方は面方位によって非常に違

62   4. 表面構造とラフニング

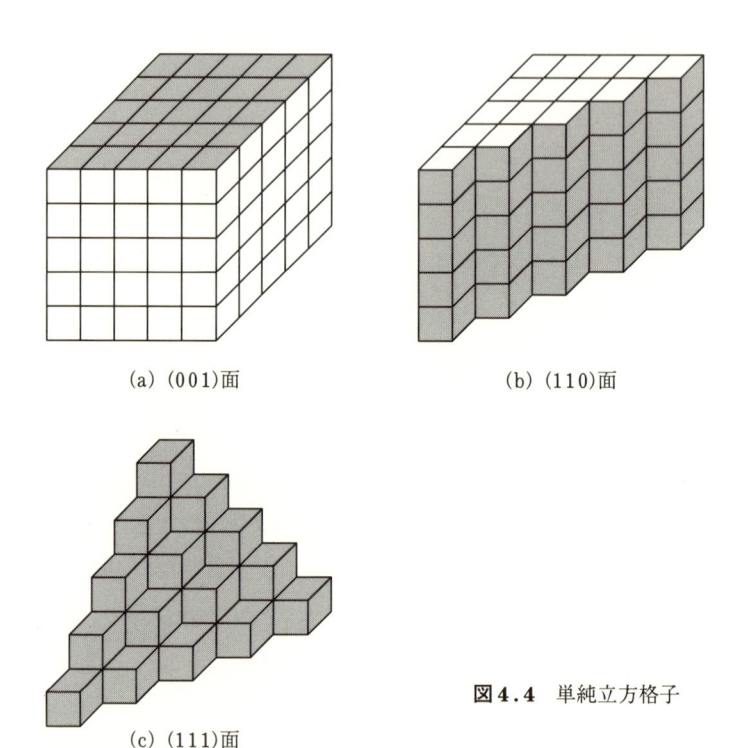

(a) (001)面

(b) (110)面

(c) (111)面

図4.4 単純立方格子

っている．実は図4.4に示したのは，それぞれの面の絶対零度での最低エネルギー状態での様子である．しかし温度が上がると，面の様子は変化していく．たとえば，(001)面も温度が上がれば荒れてキンクをもつようになるかもしれない．次の節では，温度による表面の形状変化を考えよう．

§4.3　ラフニング転移とステップ自由エネルギー

前節でみたように，結晶表面がステップ，キンクのない平らな面なのか，それとも凹凸の荒れた面なのかによって，結晶の成長の仕方，しやすさが影響を受ける．したがって，原子的解像度でみた表面の荒さは結晶の成長速度を決めるのに非常に重要である．

§4.3 ラフニング転移とステップ自由エネルギー

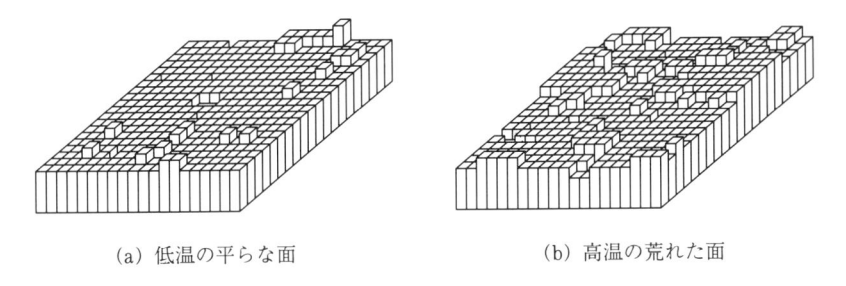

(a) 低温の平らな面 (b) 高温の荒れた面

図 4.5 結晶表面

以下，結晶が気相と相平衡にある場合を考える．たとえば，一定量の物質を箱の中に閉じ込め，温度を変えてやれば，結晶と気相の間で物質のやり取りをして圧力を自動調整し，平衡状態に達する．このとき，低温では結晶面は平らになり（図 4.5 (a)），一方，温度を上げると面が荒れてくる（図 (b)）．

面が凹凸すれば原子間の結合が切れるので，エネルギー E_s は上がってしまう．しかし，荒れた面では，どこが出っ張って，どこが凹むかでたくさんの可能性があり，エントロピー S_s が大きくなる．そこで表面の自由エネルギー $F_s = E_s - TS_s$ を考えると，低温ではエネルギーの小さな平らな面，高温ではエントロピーの大きな荒れた面が熱平衡状態として実現するだろう．この，原子的にみても平らな面から荒れた面への変化が ある温度で突然起きれば，これを**ラフニング相転移**といい，その温度 T_R を**ラフニング温度**という．

[**例題 4.1**] 表面のラフニング相転移がどのように起きるかを，結晶表面上の**ステップ自由エネルギー**に基づいて考察しよう．いま，わずかに荒れだした表面を考えて，図 4.6 のように平らな表面上に一段高い（または低い）2 次元の島（または穴）が出現しているとする．

気相と結晶は熱平衡状態にあるので，両相で化学ポテンシャルは等しく（$\Delta\mu = 0$），島の形成にはステップを作る自由エネルギーだけが問題となる．

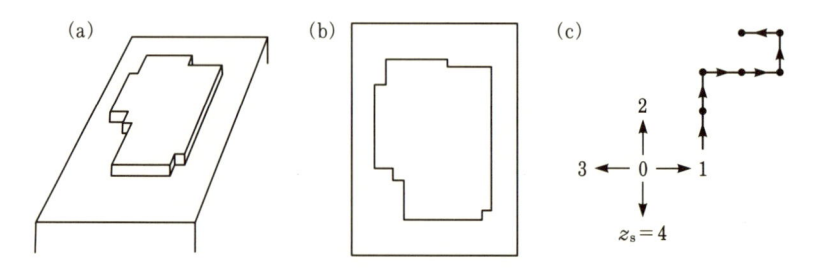

図4.6 (a) 結晶表面上にできた2次元の島
(b) (a) を上から見たときのステップ
(c) 正方格子上を進むステップ

ある格子点と同じ面内にあって隣り合っている格子点の数を z_s 個とする．隣り合う格子点に原子がいれば結合ができる．一方，ステップでは原子間の結合が切れているので，エネルギーが $J/2$ 上がる．格子定数を a として，温度 T での単位長さ当りのステップ自由エネルギー密度 $\beta(T)$ を求めよ．

[解] ステップの長さ a ごとに $J/2$ のエネルギーの増加があるので，島の外周，すなわちステップの長さ L に対しては，$E_s = (J/2)\cdot(L/a)$ のステップ・エネルギーが必要である．

一方，ステップはあちこち曲がることが可能である．ある点から出発して，ステップに沿って一筆書きを進めることを考えよう．図4.6 (c) のように，最初の一筆の向きには面内での最近接格子点の数 z_s 個の可能性がある．たとえば表面が正方格子状ならば，$z_s = 4$ である．次の一筆は元へもどることができないから，$z_s - 1$ 個の可能性がある．このようにして，長さ L 進むときの全可能性の数，重率は $W \approx (z_s - 1)^{L/a}$ 程度である．ここで，ステップが途中交差してはいけないことや，出発点にもどってこなければいけないことなどは無視しているので，この評価は非常に荒い近似である．

これを用いると，ステップの形状に関するエントロピーが

$$S_s = k_B \ln W \approx k_B \left(\frac{L}{a}\right) \ln (z_s - 1)$$

§4.3 ラフニング転移とステップ自由エネルギー　65

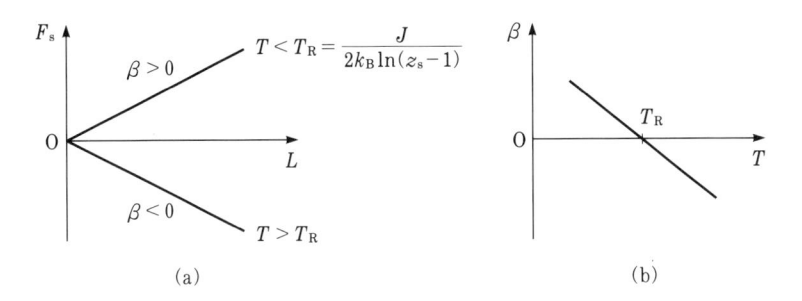

図 4.7 (a) 表面自由エネルギー F_s のステップ長 L 依存性
(b) ステップ自由エネルギー β の温度 T 依存性

と近似される．したがって，結晶表面上のステップ自由エネルギーはステップの全長 L に比例して，

$$F_s = E_s - TS_s$$
$$= \left[\frac{J}{2} - k_B T \ln(z_s - 1)\right]\frac{L}{a} \equiv \beta L \tag{4.2}$$

となる（図 4.7 (a)）．ここで比例係数 $\beta = [J/2 - k_B T \ln(z_s - 1)]/a$ が長さ当りのステップ自由エネルギー密度である．これは図 4.7 (b) に示すように，エントロピーのために温度上昇と共に小さくなっていき，温度 $T_R = J/2k_B \ln(z_s - 1)$ でゼロになる．

ところで，熱力学第 2 法則より，熱平衡状態の表面の形状は自由エネルギー F_s の小さい状態として決まるはずである．温度が低いと図 4.7 のように $\beta > 0$ であり，全自由エネルギー F_s は長さ L に比例して増加するため，表面にステップを導入することは損である．つまり，結晶表面はステップのない，原子的にみて平らなものとなる．

一方，温度が上がるとエントロピーの効果が効きだし，$T_R = J/2k_B \ln(z_s - 1)$ 以上の温度では (4.2) で決まるステップ自由エネルギー密度 β が負になる（図4.7 (b)）．したがって，ステップがたくさん入った状態が熱平衡状

態となる.このとき,表面は凹凸して段差の多い,荒れたラフ面の状態になる.このように低温から温度を上げていって,**ステップ自由エネルギー β がゼロとなる温度 T_R がラフニング温度**である.

ただし,$T > T_R$ で $\beta < 0$ のままでは $L \to \infty$ となって,無限に長いステップが表面上を走り回る状態が熱平衡状態という,非物理的な結果になる.このときには,ステップが交差してはいけないという条件が無視できなくなる.また,表面上にたくさん島や穴ができ,島の上や穴の中にも島や穴ができるようになる.

こういった効果を取り入れた詳細な解析によると,ラフニング温度 T_R より高温ではステップの自由エネルギー密度 β はずっとゼロにとどまることが示されている.また,その理論では T_R より低温側で,β は

$$\beta \propto \exp\left[-\frac{C}{\sqrt{\frac{T_R}{T} - 1}}\right] \tag{4.3}$$

のように振舞うことが示されている.ここで C は定数である.ラフニング温度 T_R 付近での このステップ自由エネルギー β の様子は図 4.8 に模式的に示されているが,ラフニング温度 T_R に近づくと連続的にゼロに近づく.このように β は T_R で連続的であり,とびを示さないので,このラフニング転移は連続相転移とよばれるものの一種である.実は,(4.3) からもわかるように,ステップ自由エネルギーは温度で何回微分してもその微係数は T_R でゼロになるという,非常に特殊な振舞をしている.(4.3) の振舞は,超流動液体ヘリウムからヘリウム結晶を

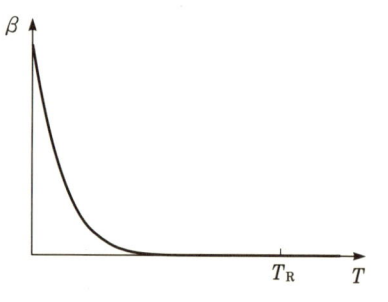

図 4.8 ラフニング温度 T_R 近くのステップ張力の振舞

固化させるという低温での精密な実験で確かめられている．

このような表面のラフニング相転移は，結晶の成長機構にも影響を与える．T_R 以下の低温では結晶の表面は平らでステップやキンクが少ないため，表面に吸着した原子はなかなか結晶化できない．一方，ラフニング温度以上の高温では，表面は熱的に荒れていてキンクの数も多いので，結晶表面にやってきた原子は容易にキンクをみつけて，すばやく結晶に組み込まれるであろう．

§4.4　結晶の表面自由エネルギー

ラフニング転移温度以下の低温ではステップ自由エネルギー β が有限の値をもった．では，このステップ自由エネルギー β と第2章に出てきた表面自由エネルギー γ とはどういう関係にあるだろう．

図4.9 (a) のような平らなテラス面の表面自由エネルギーを γ_0 とする．では図 (b) のように，角度 θ 傾いた微斜面の自由エネルギー $\gamma(\theta)$ はどうなるだろう．微斜面というのは，平らなテラス面にステップが適当な間隔を置いて規則的に入ったものと見なせる．そこでこれを図 (b) の xy 面に投影した領域 $L_x L_y$ を考えると，この中には，ステップが間隔 $\lambda = a/|\tan\theta|$ で並んでおり，L_y/λ 本のステップが入っている．ここで，a は原子の高さであり，$\tan\theta$ に絶対値がついているのは微斜面が正の方向に傾いていても負の方向に傾いていても，ステップの間隔は同じだからである．1本1本のステップの長さは L_x であり，これによる自由エネルギーへの寄与は全部で $\beta L_x L_y / \lambda$ となる．そこで，単位面積当りの自由エネルギーは

$$f = \gamma_0 + \frac{\beta}{a}|\tan\theta| \qquad (4.4)$$

となる．xy 平面での単位面積の領域は，微斜面の上では $1/|\cos\theta|$ 倍に広がるので，微斜面上での単位面積当りの表面自由エネルギーは $\gamma(\theta) = f|\cos\theta|$ となり，

68   4. 表面構造とラフニング

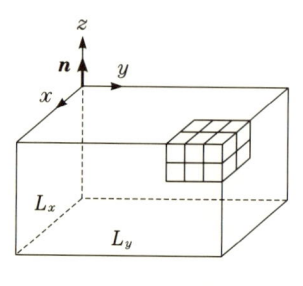

(a) 立方結晶の(001)面

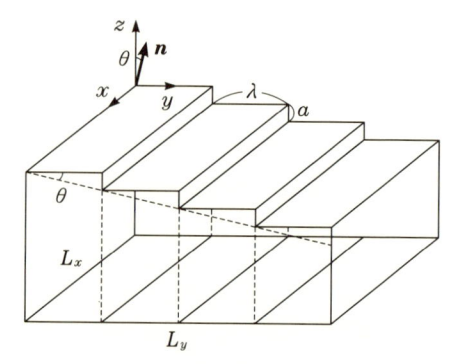

(b) y方向に角θだけ傾いた微斜面

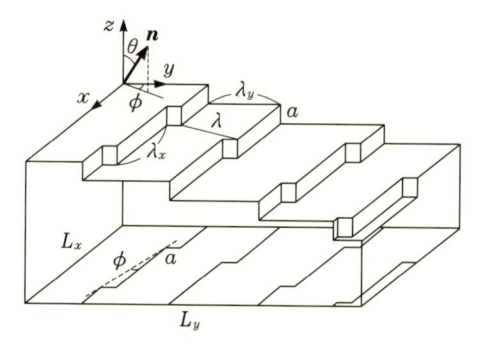

(c) (b)をx軸方向に角ϕ回した面

図4.9 (b),(c)の下の方には,微斜面をxy面へ射影し,ステップの様子を描いている.

$$\gamma(\theta) = \gamma_0 |\cos \theta| + \frac{\beta}{a} |\sin \theta| \tag{4.5}$$

と定まる.

(4.5)から,斜面の傾きが小さいと自由エネルギーが$\gamma \approx \gamma_0 + (\beta/a)|\theta|$のように傾き角の絶対値に比例していることに注意しよう.このためγは$\theta = 0$で尖ったカスプとなっており,角度微分は不連続という特異性をもっている.このため$\theta = 0$の平らな面を特異面という.一方,ラフニング温度以上の高温ではステップ自由エネルギーはなくなる($\beta = 0$)ので,表面自

由エネルギーは θ のもっと高次の項から始まって，$\gamma = \gamma_0 + \beta_1 \theta^2$ のように変化すると期待される．

[例題 4.2] 微視的なモデルを用いて，絶対零度での表面エネルギーを求めよう．絶対零度では表面が凹凸しないので，表面の配置が1通りに決まり，比較的容易に物理量の計算が可能である．しかしエントロピーの寄与はないので，表面エネルギーしか求まらない．

さて，図 4.9 のような立方体の積み木が積み重なった単純立方格子結晶を考える．また最近接原子間に結合 $-J$ があるとする．これをコッセル模型という．この結晶の以下のいろいろな面に対して，表面エネルギーを計算せよ．

(1) 平らな (0 0 1) 面 (図 (a))
(2) y 方向に角度 θ だけ傾いた微斜面 (図 (b))
(3) 上で考えた面を，さらに x 方向に角度 ϕ 傾けた微斜面 (図 (c))

[解] (1) 単純立方結晶では1つの原子の周りには $z = 6$ 個の原子がいるが，(0 0 1) 面では結合が1本ずつ切れているので，その表面エネルギーは

$$\gamma_0 = \frac{J}{2a^2} \tag{4.6}$$

となる．ここで a は格子定数である．係数 1/2 は無限に大きな結晶を半分に割ったとき，表面が2枚できるので，片面については半分になることを表す．

(2) これは y 方向に長さ $\lambda = a/|\tan\theta|$ ごとにステップが1本ずつ入った面である．この面の法線は $\boldsymbol{n} = (0, \sin\theta, \cos\theta)$ 方向を向いている．この面を xy 面に射影して，x 方向に L_x，y 方向に L_y 広がった部分を考えると，上の平らなテラス面とステップの縁の面とで，

$$\frac{L_x L_y}{a^2} + \frac{L_x L_y}{a\lambda} \tag{4.7}$$

個の結合が切れており，射影した xy 面では単位面積当り

$$f(\theta) = \frac{J}{2}\left(\frac{1}{a^2} + \frac{1}{a\lambda}\right) = \frac{J}{2a^2}(1 + |\tan\theta|) = \gamma_0 + \frac{\beta_0}{\lambda} \tag{4.8}$$

のエネルギーの増加がある．ここで，第2項目はまっすぐなステップ1本の単位長さ当りのエネルギー

$$\beta_0 = \frac{J}{2a} \tag{4.9}$$

を表している．傾いた斜面では表面積が $L_x L_y / n_z = L_x L_y / |\cos \theta|$ と大きくなっていることに注意すれば，$\boldsymbol{n}$ 方向に傾いた微斜面の単位面積当りの表面エネルギーは

$$\gamma(\theta) = f(\theta) |\cos \theta| = \frac{J}{2a^2}(|\cos \theta| + |\sin \theta|) = \gamma_0 |\cos \theta| + \frac{\beta_0}{a} |\sin \theta| \tag{4.10}$$

となる．これを図4.10 (a) のように γ プロットすると，$\theta = 0$, $\pi/2$, π, $3\pi/2$ で尖った最小値をもっている．

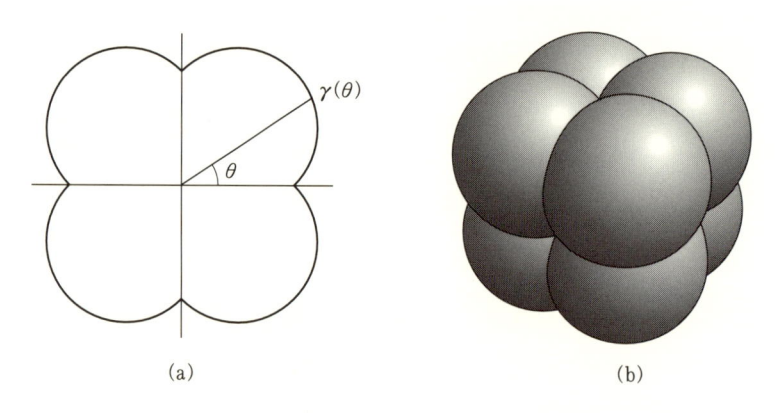

図4.10 (a) 図4.9(b) の表面と (b) 図4.9(c) の表面に対する，表面エネルギーの γ プロット

（3） この面の法線は

$$\boldsymbol{n} = (\sin \theta \sin \phi, \sin \theta \cos \phi, \cos \theta) \tag{4.11}$$

方向を向いている．それを xy 面に射影してみれば（図4.9 (c)），y 方向に $\lambda_y = a/|\tan \theta \cos \phi|$ ごとにステップが入り，しかもそのステップが傾いているために x 方向に $\lambda_x = a/|\tan \phi|$ ごとにキンクが入っている．したがって，前と同じように

§4.4 結晶の表面自由エネルギー　71

x 方向に L_x, y 方向に L_y 広がった部分を考えると，

$$\frac{L_x L_y}{a^2} + \frac{L_x L_y}{a\lambda_y} + \frac{L_x L_y}{\lambda_x \lambda_y} \tag{4.12}$$

個の結合が切れており，射影した xy 面では単位面積当り

$$f(\theta, \phi) = \frac{J}{2}\left(\frac{1}{a^2} + \frac{1}{a\lambda_y} + \frac{1}{\lambda_x \lambda_y}\right)$$
$$= \frac{J}{2a^2}(1 + |\tan\theta\cos\phi| + |\tan\theta\sin\phi|) \tag{4.13}$$

のエネルギーがある．(4.12) の最後の項はこの面上のキンクの数を表しており，それに対応して (4.13) の最後の項がこれらのキンクの総エネルギーである．したがって，1 つのキンクを作るのに必要なエネルギーは

$$\varepsilon_\text{K} = \frac{J}{2} \tag{4.14}$$

であり，それを**キンクエネルギー**という．

さて，(4.13) は微斜面を xy 面に投影したときの表面エネルギーだったが，傾いた斜面では表面積が $L_x L_y / |\cos\theta|$ と大きくなっていることに注意すれば，微斜面の単位面積当りの表面エネルギーは

$$\gamma(\theta, \phi) = f(\theta, \phi)|\cos\theta| = \frac{J}{2a^2}(|\cos\theta| + |\sin\theta\cos\phi| + |\sin\theta\sin\phi|) \tag{4.15}$$

となる．この表面エネルギーの 3 次元 γ プロットは，図 4.10 (b) に示すように非常に異方的で，$\pm x, \pm y, \pm z$ 方向に尖った最小値をもつという特異性がある．このように {0 0 1} 面は表面エネルギーの γ プロット上で尖ったカスプという特異性をもつ特異面である．

温度が上がると，前節で述べたようにエントロピー効果のためステップ自由エネルギー β が小さくなり，ラフニング温度で $\beta = 0$ となると，γ の特異性は消える．ただし，表面自由エネルギーが方向によるという異方性は結晶である限り残っている．これもさらに温度を高くしていくと弱くなり，液

相に相転移すると表面自由エネルギーは等方的になる．

§4.5 ステップ間相互作用

微斜面の表面自由エネルギーを前節で(4.5)のように計算したが，これはステップの間に相互作用がないとしたときのものである．しかしステップは平らな表面に対する乱れであり，結晶内部に歪みを生じるので，それを介して2つのステップの間に相互作用が生じる．弾性理論によれば，2本のステップ間隔がλのとき，ステップの長さ当りの相互作用エネルギーは，図4.11のようにλ^{-2}に比例すると計算されている．これはステップ間隔が大きいほどエネルギーが下がっていくので，ステップ間の**反発力**になっている．

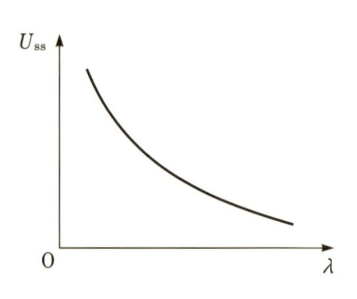

図4.11 ステップ間相互作用U_{ss}のステップ間隔λ依存性

そこで，ステップが規則的に入っている微斜面では，ステップ1本当りの自由エネルギーは，単独のステップのときの値βにこの相互作用エネルギーの分を加味して，$\beta + A/\lambda^2$となる．また微斜面の傾き角θが小さいとき，ステップ間隔λは$\lambda = a/|\theta|$と近似できる．すると単位面積当りの表面自由エネルギー密度は，(4.4)に新しいステップ自由エネルギーを代入して，

$$f = \gamma_0 + \frac{1}{\lambda}\left(\beta + A\frac{1}{\lambda^2}\right) \approx \gamma_0 + \frac{\beta}{a}|\theta| + \beta_2|\theta|^3 \quad (4.16)$$

と展開される．つまり相互作用により，角度の高次の項が出てくる．

§4.6 カイネティック係数

結晶化は原子がキンク位置に組み込まれて起きると§4.2で述べた．§3.1から§3.3で求めたカイネティック係数は，表面上に原子が付着すればすぐに

結晶化できるとしたときのものであるが，それは図 4.4 (c) の (1 1 1) 面のように表面がキンクで覆われていたときに成り立つ．また (1 0 0) のような特異面に対しては，ラフニング温度より高温の荒れた面に対応したものであった．しかし温度が低いとき，原子的に平らな面にはステップ，キンクが非常に少ないので，ここでは結晶化はあまり起きない．一般に，キンクの数密度 $n_K(\boldsymbol{n})$ が多いほど，カイネティック係数 $K(\boldsymbol{n})$ も大きいだろう．したがって，K には強い異方性があると考えられる．

たとえば，最近接相互作用しかない単純立方格子で考える．図 4.4 (a) に示した平らな (0 0 1) 面にはキンクがなく，$K(0\,0\,1) = 0$ と予想される．一方，図 4.4 (c) に示した (1 1 1) 面はキンクだらけであるので，非常に速く成長できるであろう．また，図 4.4 (b) に示した (1 1 0) 面は完全に平らなまっすぐなステップがたくさん走るだけで，キンクはない．それで単純にカイネティック係数が n_K に比例すると想定すれば，K はゼロになってしまう．しかし，(1 1 0) 面では温度が有限のときにステップがゆらぐことでキンクが現れ，その結果，すぐに有限のカイネティック係数をもち得る．一方，(0 0 1) 面のような特異面では，ラフニング温度までは界面が平らなので，第 3 章の理想的な場合の考察とは異なる結晶成長機構が必要である．次の章では，この場合を考えよう．

演習問題

[1] 図 4.12 のように，立方体の角ばかりでなく，6 枚の面の中心にも原子がいるような結晶構造を面心立方格子という．

(1) 最近接の原子間に結合エネルギー J_1 があるとき，1 原子当りの昇華エネルギー $\varDelta h$ を見積もれ．

(2) 面心立方格子の結合エネルギーが最近接の J_1 だけでなく，第 2 近接の

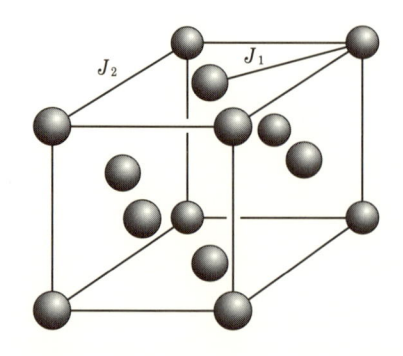

74　4. 表面構造とラフニング

J_2 もあるときの昇華エネルギー Δh を求めよ．

[2]　最近接相互作用 J をもつ単純立方格子の (0 0 1) 表面で，吸着している原子を周囲の気相にもどすために必要な吸着エネルギー ε_a を求めよ．また，切れた原子間結合1本当りのエネルギー ε を求めよ．

[3]　単純立方格子の $(0\bar{1}1)$ 面は図 4.13 のように長方形の形をしている．[1 0 0] 方向の格子間隔は a，結合エネルギーは $J_{[100]}$，[0 1 1] 方向の格子間隔は $\sqrt{2}a$，結合エネルギーは $J_{[011]}$ であるとして，[1 0 0] 方向から角度 ϕ 傾いたステップのエネルギーが絶対零度で

$$\beta(\phi) = \frac{1}{2a}\left(J_{[011]}|\cos\phi| + \frac{J_{[100]}}{\sqrt{2}}|\sin\phi|\right)$$

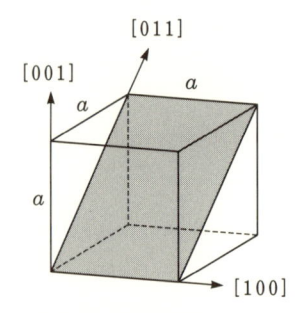

(a) 単純立方格子の $(0\bar{1}1)$ 面 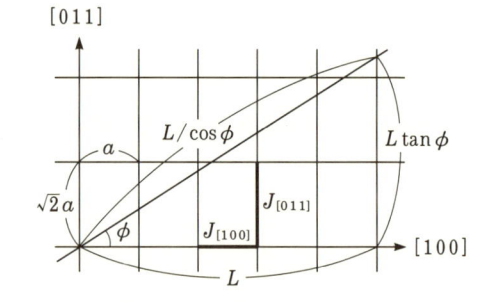　　(b) その上を走る傾いた直線ステップ

図 4.13

となることを示せ．

[4] 最近接相互作用エネルギー J の他に，面内の第 2 近接相互作用 J_2 もある単純立方格子を考える．この結晶の (001) 面上を走るステップが絶対零度でもつステップエネルギーが，[100] 方向からのずれの角度 ϕ の関数として

$$\beta(\phi) = \frac{J}{2a}\left(|\cos\phi| + |\sin\phi|\right) + \frac{J_2}{\sqrt{2}a}\left[\left|\cos\left(\phi - \frac{\pi}{4}\right)\right| + \left|\sin\left(\phi - \frac{\pi}{4}\right)\right|\right]$$

となることを示せ．

[5] 結晶表面のラフニング転移に対するジャクソンの平均場近似を考えよう．この近似では，結晶と母相の間に 1 枚の界面層があると仮定する．界面層の N 個の格子点の大多数を原子が占めていればこの界面層は結晶に属し，逆に大多数の格子点が空なら，界面層は母相に属すと見なす．いずれにせよ，この場合の表面は平らだとする．一方，界面層の格子点の半分しか原子で埋まっていなければ，ここは結晶，母相どちらともつかない中間状態にあり，このとき界面は荒れていると見なすというモデルである．

さて，温度 T で界面層が原子で占められ，結晶化している割合 Ψ を以下のようにして調べる．

（1） 各格子点の周りには z_s 個の格子点があるとして，1 つの結晶原子の周りの格子点が空である確率を $1 - \Psi$ と近似しよう．このとき，切れている原子間結合の総本数が $Nz_s\Psi(1 - \Psi)$ と近似できることを示せ．

（2） 1 本の切れた原子間結合は $J/2$ のエネルギーを要するとして，この系の全エネルギーの期待値 E を求めよ．

（3） $N\Psi$ 個の結晶原子が N 個の格子点のどこを占めるかで，いろいろと異なった配置が可能である．それらすべての場合の数 W を求めよ．

（4） エントロピーが $S \approx -Nk_B[\Psi\ln\Psi + (1-\Psi)\ln(1-\Psi)]$ となることを導け．ただし，非常に大きな数 M に対するスターリングの公式 $\ln M! = M\ln M - M$ を用いてよい．

（5） 1 粒子当りの自由エネルギー $F/N = (E - TS)/N$ が結晶化度 Ψ の関数としてどのように変化するか，いろいろな温度で調べよ．特に，温度が相転移

温度 $T_R = z_s J/4k_B$ 以上では F/N を最小にする Ψ は $\Psi = 1/2$ の解しかないが，T_R 以下ではそれと異なる解があることを示せ．

 以上の解析より，$T < T_R$ では界面層が結晶か母相と見なせるシャープな界面をもち，一方 $T > T_R$ では，界面層は $\Psi = 1/2$ の中間状態なので荒れた界面と見なせる．そこでこの転移温度 T_R をラフニング温度と見なす．ここで最近接相互作用エネルギーの大きさ J は，(4.1)のように結晶中の最近接原子の数 z と潜熱 Δh に関連していたので，ラフニング温度は $T_R = \Delta h z_s/2zk_B$ と書き直せる．そこで固相と母相の共存温度を T とすれば，パラメーター

$$\alpha \equiv \frac{z_s \Delta h}{zk_B T} = \frac{2T_R}{T}$$

は，ラフニング温度 T_R と共存温度 T の比の2倍になっている．もし $\alpha > 2$ ならば，共存温度がラフニング温度よりも低いので，母相と共存している結晶の界面は平らである．一方，α が2より小さければ，共存中の結晶の界面は荒れていると予想される．このジャクソンの理論は正しいラフニング転移の記述にはなっていないが，大雑把な目安としてよく用いられる．

 なお，このモデルは2次元イジング模型とよばれるものと等価で，正方格子 ($z_s = 4$) の場合は相転移温度 T_c が厳密に求まって $k_B T_c/J = 1/2 \ln(\sqrt{2} + 1) \approx 0.567$ となる．

[6] 図4.14のように，結晶表面上をステップが平均として x 方向に走っている．格子定数は a で，x 方向の結晶サイズは L である．ステップが x 方向にまっすぐ進むとエネルギー ε_0 がいり，1段 $\pm y$ 方向に曲がってキンクを作ると，余分にキンク・エネルギー ε_K がいる．

 (1) ステップ中に+キンクと-キンクが N_K 個ずつできたときの，エネルギー E とエントロピー S を求めよ．

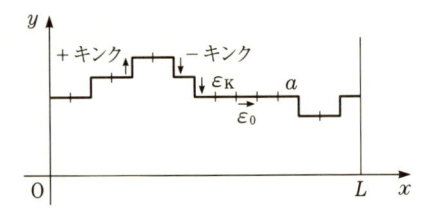

図4.14 単純立方格子の(001)面上を平均として x 方向に走るステップ

（2） 温度 T で自由エネルギー $F = E - TS$ を一番小さくする条件より，熱平衡でのキンク密度 $n_\mathrm{K} = 2N_\mathrm{K}/L$ を求め，それが $n_\mathrm{K} = 2a^{-1}/(2 + e^{\varepsilon_\mathrm{K}/k_\mathrm{B}T})$ となることを示せ．

（3） キンクのできる確率分布が (2.11) に従って決まることに基づいて，（2）と同じ n_K を求めよ．

（4） このステップのステップ自由エネルギーが
$$\beta = \frac{\varepsilon_0}{a} - \frac{k_\mathrm{B}T}{a} \ln\left(1 + 2e^{-\varepsilon_\mathrm{K}/k_\mathrm{B}T}\right)$$
となることを確かめよ．したがって，$\beta = 0$ となるラフニング温度は
$$k_\mathrm{B}T_\mathrm{R} = \frac{\varepsilon_0}{\ln\left(1 + 2e^{-\varepsilon_\mathrm{K}/k_\mathrm{B}T_\mathrm{R}}\right)} \sim \frac{\varepsilon_0}{2} e^{\varepsilon_\mathrm{K}/k_\mathrm{B}T_\mathrm{R}}$$
と求められる．なお最後の近似は，キンク形成エネルギー ε_K が一般に非常に大きく $e^{-\varepsilon_\mathrm{K}/k_\mathrm{B}T}$ は非常に小さいので，小さな x に対する対数関数の近似 $\ln(1+x) \sim x$ を使って得た．

（5） §4.5 で述べたように，ステップ間に間隔 λ の逆 2 乗に比例する斥力相互作用 $U_\mathrm{ss}(\lambda) = A/\lambda^2$ があるとする．図 4.15 のような傾き角 $\theta = \tan^{-1}(a/\lambda)$ の微斜面があるとき，ステップが途中で 1 段ずれると，平らな微斜面にステップができたことに対応する．このステップ形成エネルギーは
$$\varepsilon_0 = U_\mathrm{ss}(\lambda + a) + U_\mathrm{ss}(\lambda - a) - 2U_\mathrm{ss}(\lambda)$$
$$\approx U_\mathrm{ss}''(\lambda)\, a^2 = \frac{6Aa^2}{\lambda^4}$$

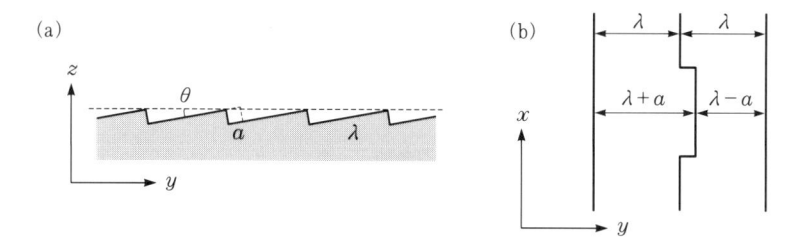

図 4.15 (a) 傾き角 θ の平らな微斜面
(b) (a) の上にできたステップ

となる．微斜面の傾き角 θ とそのラフニング温度 T_R の関係を論ぜよ．

[7] Si の (001) 表面は再構成して，格子定数が $2a = 7.68\,Å$ の正方格子を作っていると見なせる．ただし，正方格子の直交する 2 辺（それぞれ [110] 方向と [1$\bar{1}$0] 方向を向いている）は等価ではない．[1$\bar{1}$0] 方向に走る S_A ステップと [110] 方向に走る S_B ステップのエネルギーは各々単位長さ $2a$ 当り $\varepsilon_{S_A} = 0.056$ eV/$2a$, $\varepsilon_{S_B} = 0.18$ eV/$2a$ である．ここでエネルギーの単位 eV は $1\,\text{eV} = 1.6 \times 10^{-19}\,\text{J}$ である．

さて，演習問題 [6] の (2)，(3) の答えを用いて，600℃ で S_A ステップと S_B ステップに入っているキンクの平均密度の値 n_{K_A}, n_{K_B} を求めよ．ただしボルツマン定数は $k_B = 1.38 \times 10^{-23}\,\text{J/K}$ である．

[8] ラフニング温度以下で，(4.16) を近似せずに微斜面での単位面積当りの表面自由エネルギーに直すと，$\theta > 0$ で

$$\gamma(\theta) = \gamma_0 \cos\theta + \frac{\beta}{a}\sin\theta + \frac{A}{a^3}\tan^2\theta \sin\theta \tag{4.17}$$

となる．そこで，第 2 章の演習問題 [6] を用いると，結晶の平衡形が

$$y - y_0 = -\left(\frac{4\lambda}{27A}\right)^{1/2}(x - x_0)^{3/2} \tag{4.18}$$

となることを示せ．ただし，$x_0 = \beta/\lambda a$, $y_0 = \gamma_0/\lambda$ で，$\lambda = \Delta\mu/v_S$ である．この結晶平衡形は図 4.16 に示すように，$x < x_0$ の範囲内では $y = y_0$ という平らなファセット面をもち，$x > x_0$ では滑らかな曲面になっている．そして，$x = x_0$ で 2 つの面は滑らかにつながっている．

また，結晶の頂上にあるファセット面の大きさ x_0 は，ステップの自由エネルギー β に比例しているので，ラフニング温度に近づくとファセットが小さくなり，ラフニング転移温度 T_R でファセットが消失する．この形の変化はファセッ

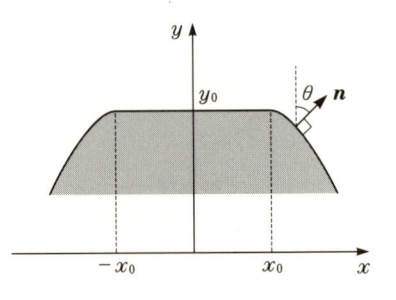

図 4.16　ラフニング温度以下の結晶平衡形

ト転移ともよばれる．このように，ラフニング相転移は結晶の平衡形の変化から観察可能である．

[9] 2つの結晶の間の界面エネルギーについて考えよう．（話を簡単にするため，温度は絶対零度とする．）基板Sの表面に吸着層Aを乗せるとして，最近接のSS，AA，AS原子間の結合をそれぞれ $-J_{SS}, -J_{AA}, -J_{AS}$ とする．このとき，たとえば基板結晶の表面エネルギーは $\gamma_S = J_{SS}/2a^2$，吸着層のものは $\gamma_A = J_{AA}/2a^2$ である．

(1) SA界面での界面エネルギー密度が
$$\gamma_{SA} = \frac{J_{SS} + J_{AA} - 2J_{SA}}{2a^2}$$
となることを示せ．

(2) 図4.17のような不均一核形成に関するウルフの定理(2.30)から，$J_{SA} = 0$ のとき吸着層は基板を全然濡らさないことを示せ．また，$J_{SA} \geqq J_{AA}$ のとき，吸着層が基板を完全に濡らすことを示せ．

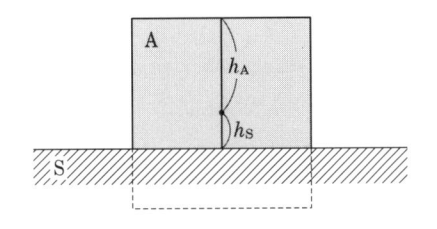

図4.17 基板S表面上に吸着した多面体の島A

[10] 図4.18のような2次元の正方格子上を[10]方向と角度 ϕ をなす方向に走るステップを考える．絶対零度で熱ゆらぎはないとして，このステップ上のキンクの数密度 $n_K(\phi)$ を求めよ．これが，この2次元結晶の成長を支配するカイネティク係数に比例する．

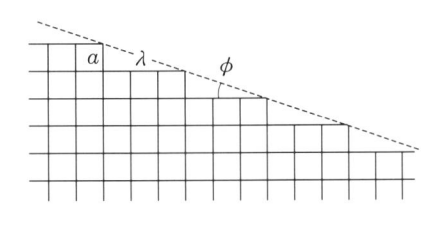

図4.18 正方格子上の傾いたステップ

表面緩和と表面再構成

　ラフニング温度以下の結晶表面はただ平らかというと，実はいろいろ複雑な構造が実現する．表面では片側に原子がいなくて下地の結晶原子だけに引っ張られているので，表面では結晶面の間の間隔が短くなりそうである．でも原子間の結合は本来 電子状態で決まっているので，表面近くの面間隔が長くなることもある．このように表面近くで面間隔が伸びたり縮んだりすることを表面緩和という．

　表面緩和が表面に垂直方向の構造変化であるのに対し，表面内での構造変化もある．表面の一層または数層にわたって面内の原子結合が変化し，表面に規則的な構造ができるので，これを表面再構成という．たとえばタングステンの(100)表面は，高温では平らな正方格子の1×1構造をとるが，低温ではチェスボードの白いマスが黒いマスより出っ張ったような$c(2\times 2)$という構造をとる．また半導体の表面原子は共有結合する相手の電子がいなくなるため，面内で少々無理をしても共有結合の相手を探してエネルギーを減らそうとする．そのため，表面はいろいろと変った再構成を起こす．たとえば，Si(001)面上の原子は2つずつ近寄って結合を作ってダイマーとなり，それが列をなして整列する．またSi(111)面では7×7という非常に大きな単位をもった最構成が特に有名である．

　このようにラフニング転移温度以下の表面もただのっぺらぼうではなくて，伸びたり縮んだりいろいろな模様をつけたりと，人間の顔も顔負けに表情豊かである．

5 表面カイネティクス

　ラフニング温度以上の荒れた面では，原子が飛び込んでくればすぐキンク位置に組み込まれて結晶化し，第3章のように理想的に成長しそうである．ところがラフニング温度以下の平らな面では，熱的に励起されたキンクが少ないので，結晶表面に吸着した原子はなかなか結晶に組み込まれない．この，表面で原子が結晶に組み込まれていく過程を，表面カイネティクスとよぶ．表面カイネティクスが遅くて成長を支配しているときには，平らな表面をもった多面体結晶が成長しやすい．そのときの成長の仕方には，2次元核形成と渦巻き成長という2つの典型的成長様式がある．これらの様式ではステップの前進により結晶が成長するので，沿面成長とか層成長とよばれる．

§5.1　2次元核形成

　ラフニング温度以下の，原子的解像度で見て平らな表面にはステップやキンクが非常に少ない．そこで結晶が成長するときにどんなことが起きるか，気相からの結晶成長を対象に考えてみよう．

　周囲の気相から入射してきた原子は，結晶表面に付着し，表面上を動き回る．そのうち原子が2つ3つと集まれば，引力で結合して，図5.1のように2次元の島を作る．いったん島ができたら，島と下地の高さの違いのため，段差つまりステップが生じ，そこにはキンクがあるので島が大きくなって成長できる．このように，平らな結晶表面の上に**2次元の島状結晶核**を作る過

5. 表面カイネティクス

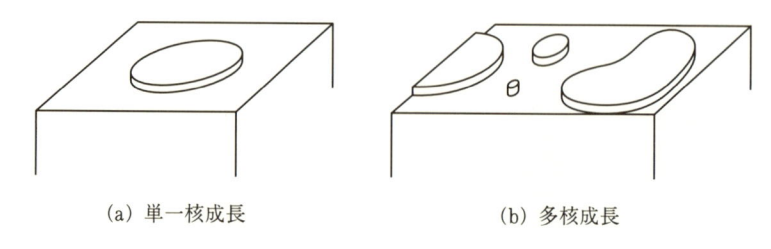

(a) 単一核成長   (b) 多核成長

図5.1 2次元結晶核形成による成長

程が成長のカイネティクスを支配することになる.

いまラフニング温度以下を考えているので，ステップ自由エネルギー β は有限である．この β を等方的と仮定すれば，円形の島が一番エネルギーの低い形である．そこで，半径 r の円板形の2次元結晶核が形成されるとして，その頻度を求めよう．§2.3の3次元核形成と同じように考えて，この島を作るための自由エネルギーの増加を求めると，(2.8)に対応して

$$\Delta F_2 = -\frac{\pi r^2}{a_S}\Delta\mu + 2\pi r\beta \tag{5.1}$$

となる．ここで，$\Delta\mu$ は気相と結晶相の化学ポテンシャルの差，a_S は1つの結晶原子の表面積である．この2次元核形成の自由エネルギーは，図5.2に示されている．半径 r が小さい間はステップの効果が大きいので ΔF_2 が増えるが，大きな r では化学ポテンシャルの得が勝って ΔF_2 は減少する．その境界が**臨界核半径**

$$r_c = \frac{\beta a_S}{\Delta\mu} \tag{5.2}$$

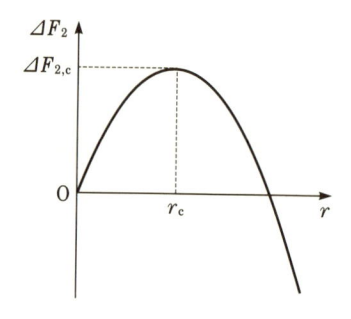

図5.2 2次元核形成の自由エネルギー ΔF_2 と核半径 r

である．このとき，$\varDelta F_2$ は最大となって，自由エネルギー障壁 $\varDelta F_{2,\mathrm{c}} = \pi\beta^2 a_\mathrm{S}/\varDelta\mu$ を与える．

熱ゆらぎで半径 r の2次元結晶核ができたとき，熱力学第2法則により $r < r_\mathrm{c}$ の核は縮んで消滅し，$r > r_\mathrm{c}$ の核は広がって表面全域を覆う．したがって，単位時間，単位面積当りにできる結晶核の数，つまり2次元結晶核の**核形成頻度**は，エネルギー障壁 $\varDelta F_{2,\mathrm{c}}$ を越える割合に比例して

$$j_\mathrm{n} = j_0 \exp\left(-\frac{\varDelta F_{2,\mathrm{c}}}{k_\mathrm{B} T}\right) = j_0 \exp\left(-\frac{\pi\beta^2 a_\mathrm{S}}{\varDelta\mu\, k_\mathrm{B} T}\right) \tag{5.3}$$

で与えられる．この結果は§2.4で述べた3次元結晶核形成頻度 (2.12) とよく似ているが，指数関数の中の化学ポテンシャル $\varDelta\mu$ 依存性が異なっている．

§5.2　2次元核形成による結晶成長速度

2次元結晶核が作られた後，それはどのような速度で広がっていくだろうか．平面状の結晶核の周りのステップには，第4章の演習問題［6］で示したように，有限温度では必ずキンクが励起されていて，熱的に荒れている．するとステップの前進には第3章のような理想的成長則が当てはまり，前進速度は駆動力である化学ポテンシャルに比例する．(3.15), (3.16) は3次元系のものであったが，以下でこれに対応するものを2次元系で導こう．

化学ポテンシャルは粒子数当りの自由エネルギーである．粒子数の変化 δN は島の半径の変化 δr と $\delta N = 2\pi r\, \delta r/a_\mathrm{S}$ という関係にあるため，化学ポテンシャルは $\delta\varDelta F_2/\delta N = -(\varDelta\mu - \beta a_\mathrm{S}/r)$ と求まる．つまり，ステップが曲がっていて曲率半径 r をもっているので，成長の駆動力はステップ自由エネルギーの分だけ落ちている．ステップの前進速度 v はステップでのカイネティック係数 K_s を用いて

$$v = -\frac{K_\text{s}}{k_\text{B}T}\frac{\delta \Delta F_2}{\delta N} = v_0\left(1-\frac{r_\text{c}}{r}\right) \tag{5.4}$$

と書ける．ここで，

$$v_0 \equiv K_\text{s}\frac{\Delta \mu}{k_\text{B}T} \tag{5.5}$$

は $r \to \infty$ という直線ステップの前進速度であり，r_c は (5.2) で定義されている臨界核半径である．このように半径が臨界核半径を超えないと，島がつぶれてしまうことがわかる．逆に臨界核半径より大きなサイズの島ができると，それはどんどん大きくなる．臨界核半径よりずっと大きくなると，ステップはほぼ一定速度 v_0 で前進する．

広さ A のテラス面が 2 次元核形成により成長するとき，テラス面に垂直な方向の結晶成長速度 V を考えよう．まず，核形成頻度 j_n が小さく，ステップの前進速度 v が大きいときを考える．このときは，テラス面上で長いこと待って 1 つの核形成が起きると，その核がすばやく広がって結晶面を覆う．つまり，成長には高々 1 つの結晶核しか効いてこない．このような成長様式を単一核成長（図 5.1 (a)）という．一方，核形成頻度 j_n が大きければ，1 つの核がテラス上を広がっている間に，また新たな臨界核半径を超える核が形成され，それを種に別の結晶島が広がり始める．これを多核成長（図 5.1 (b)）という．

単一核様式のとき，広さ A のテラス上に 1 つの核ができるまでには $\tau_1 = (j_\text{n}A)^{-1}$ の時間待たなければならない．しかし，いったん核ができればすぐに広がってテラス全面を覆い，結晶は高さ a だけ厚くなるので，結晶成長速度は $V = a/\tau_1 = j_\text{n}Aa$ となる．これはテラスの面積に比例しているので，広いテラス上では速度は無限大になってしまいそうである．しかしそのときには表面に多数の核ができて，多核成長様式になる．

多核様式で平らな面が一層完成するまでの時間を τ として，この τ を定性

§5.2　2次元核形成による結晶成長速度　85

的に評価してみよう．この時間 τ の間に，面積 A の結晶表面上には $N_n = j_n A\tau$ 個の核ができる．1つの核の半径はまっすぐなステップの前進速度 v_0 で広がると近似して，多数の核の面積を合せると，$A_n = N_n \times (v_0\tau)^2$ になる．この面積 A_n が全表面積 A になれば一層でき上がるので，$A_n = A$ とおくと $\tau = (j_n v_0^2)^{-1/3}$ と定まる．この時間 τ だけ経てば，結晶原子の厚みは a 増えるので，結晶成長速度は

$$V = \frac{a}{\tau} = a\,(j_n v_0^2)^{1/3} = a j_0^{1/3} K_s^{2/3} \left(\frac{\Delta\mu}{k_B T}\right)^{2/3} \exp\left(-\frac{\pi\beta^2 a_S}{3\Delta\mu k_B T}\right)$$

(5.6)

と定まる．より詳細な理論では，j_0 の $\Delta\mu$ 依存性が求まり，成長速度の表式で指数関数の前の因子は $\Delta\mu^{5/6}$ に比例するとされている．

一方，ヘリウムを用いた精密な実験を説明するためには，前の因子は $\Delta\mu$ に比例していなければ合わないとされた．そこで，簡単のために $V = \Delta\mu e^{-C/\Delta\mu}$ として，C をいろいろ変えたグラフを書いたのが図5.3である．C が大きいと，小さな駆動力 $\Delta\mu$ では結晶がほとんど成長できないことがわかる．

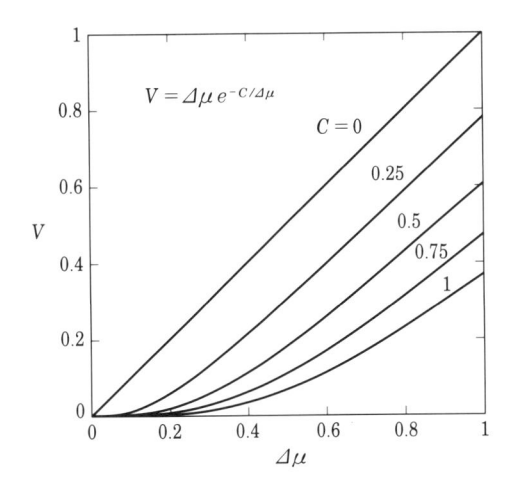

図5.3　2次元核形成による結晶の成長速度 V と駆動力 $\Delta\mu$ の関係の模式図．上から順にパラメーター C を変えたときの速度曲線が示されている．

§5.3　らせん転位

前節の 2 次元核形成に従えば，融点温度近くで駆動力が小さいときには結晶は非常に遅い成長しかできない．しかし，これは多くの実験と合わない．この矛盾を解決するために，フランクは，結晶中の線欠陥である **らせん転位**を利用して，結晶化がすばやく進行するという**渦巻き成長機構**を見出した．そこでまず図 5.4 を用いて，結晶中の線欠陥，特にらせん転位について説明しよう．

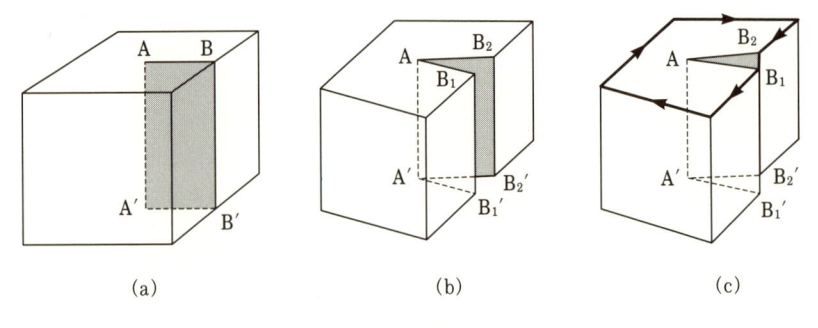

図 5.4　らせん転位

結晶軸 AA' を一端とする半平面で結晶を 2 つに分け（図 5.4 (a)），片面を AA' 軸方向に 1 原子分ずらした後 (b)，再び両面をくっ付ける (c)．すると軸以外の部分では各格子点の周りは元の結晶とまるで同じである．軸 AA' 近くだけに原子配列の乱れが局在しているので，線状の結晶欠陥である．この欠陥の特徴を見るために，原子間の結合をたどりながら ある領域の周りを 1 周してみよう．欠陥を含まない領域の周りを 1 周すれば出発点にもどるのに，たとえば図 5.4 (c) の B_1 から出発して軸 AA' の周りを 1 周すると，高さが 1 原子分ずれた B_2 にもどってきてしまう．つまり，軸 AA' に沿って位置の乱れがあるので，この線状欠陥のことを転位といい，ずれのベクトル $\overrightarrow{B_1B_2}$ をバーガース・ベクトルという．特にいまの場合，まるでらせ

ん階段を上り下りしているようなものなので,らせん転位という.

この転位は線となってずっとつながっているが,結晶表面にぶつかればそこで終わる.ただしそのときは,結晶表面上に1原子分の高さのずれが残る.そこで転位芯Aを一端として,表面に段差,つまりステップが現れる.平らな結晶表面上に現れたこのステップが,結晶成長に重要な役割を果たすであろうことはすぐ推察される.

§5.4 渦巻き成長による結晶成長速度

らせん転位をもつ結晶の表面は,図5.5のようにらせん転位を一方の端にもつステップが走っている.気相から結晶表面に飛び込んできた原子は,表面上を拡散している間にこのステップに出会い,そこに取り込まれ,ステップが前進して結晶が成長することになる.このときステップの片端Aが転位で止められているため,図5.5(b)〜(d)のように前進していくと,ステップは転位芯Aの周りに巻きついていく.結局 上から見れば渦巻き型のステップが見えるので,この成長様式は**渦巻き成長**とよばれる.ステップは渦を巻きながらどんどん長くなるばかりで,2次元核形成のように一層成長するたびにステップがなくなってしまうようなことがない.そのため成長速度は核形成のときより速くなると予想される.そこで,結晶表面に垂直な方向の法線成長速度を計算してみよう.

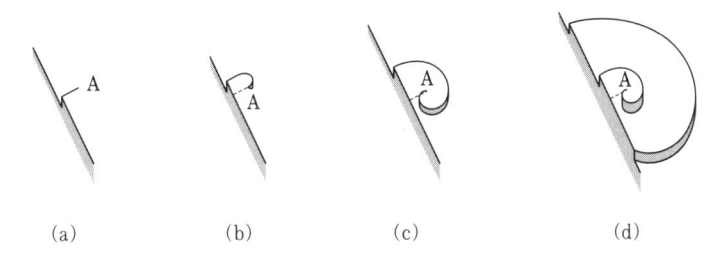

図5.5 らせん転位を利用した結晶成長

ステップは,以前に求めた (5.4) 式 $v(r) = v_0(1 - r_c/r)$ に従って前進している.ただし,ステップの形が円でないときは,r は中心からの距離ではなくステップに内接する円の半径,つまり曲率半径である.しかし中心から遠ざかると らせん形は円とほぼ同じに見えるので,曲率半径 r は中心からの距離とほぼ同じで,大きくなる.一方,らせんの中心部ではステップが巻きついてきて曲率半径はどんどん小さくなっていく.しかし曲率半径が小さくなり過ぎて $r < r_c$ となってしまっては,(5.4) により,ステップが前進できない.そこで中心部の曲率半径は,前進可能で一番小さな半径である臨界核半径 r_c になっているであろう.

渦巻き成長の渦中心付近で渦と内接する円を図示すると,図 5.6 のようになる.この内接円を極座標表示すると,原点 O から内接円上の点までの距離 r は角 θ の関数として $r = 2r_c \sin\theta$ と書ける.角 θ が小さいときは $r \approx 2r_c\theta$ と近似できるが,これがすべての角度で成立している曲線を考えてみよう.これは角 θ が 1 回転して 2π 増えると元の場所にもどらず,中心か

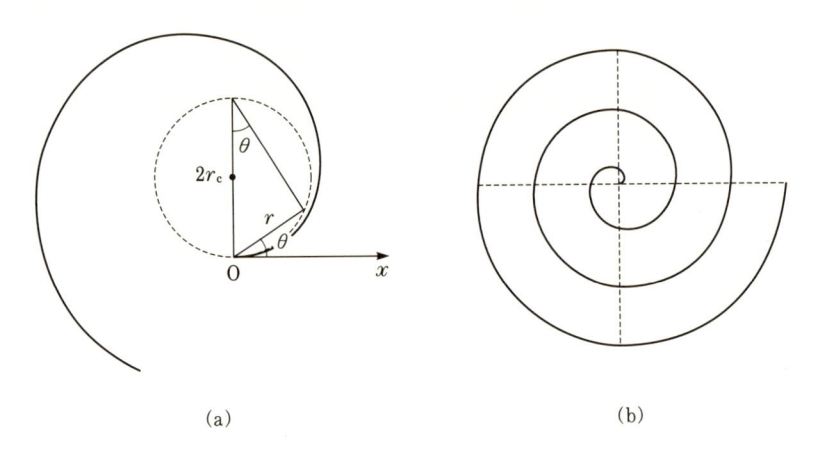

(a)   (b)

図 5.6 (a) 渦巻き成長の渦中心付近のステップの様子.破線は渦中心で半径 r_c の内接円を表す.
(b) アルキメデスのらせん

ら $\lambda = 4\pi r_c$ 離れたところにくる．このように，この図形はらせん形を表しており，"アルキメデスのらせん"とよばれる．結晶表面上のステップがこのアルキメデスのらせんだと仮定すれば，ステップ間隔は $\lambda \approx 12.6 r_c$ となる．実際のステップの形はアルキメデスのらせんとは違い，(5.4) を数値計算で解いたくわしい解析によれば，$\lambda = 19 r_c$ と計算されている．

ステップの間隔がわかったところで，結晶成長速度を求めよう．ステップは中心から遠く離れた曲率半径の大きなところでは，(5.5) の速度 v_0 で進んでいる．間隔 λ を進むのには時間 λ/v_0 かかり，それだけ経つと結晶は 1 原子の高さ a だけ高くなる．したがって，法線成長速度は

$$V = \frac{a}{\frac{\lambda}{v_0}} = \frac{a v_0}{19 r_c} \sim \frac{a K_s}{19 \beta a_s k_B T} (\Delta\mu)^2 \tag{5.7}$$

と求まる．ここで，r_c の式 (5.2) と，v_0 の式 (5.5) を用いている．このように成長速度は駆動力 $\Delta\mu$ が小さいと，その 2 乗に比例する．この速度は第 3 章で求めた理想成長のものより遅いが，2 次元核形成成長の指数関数 (5.6) よりは速く，多面体結晶の実験の結果をうまく説明できる．

フランクが渦巻き成長の理論を発表した後，顕微鏡を覗いて見ると実際 結晶表面に渦巻きが観察され，この成長機構が確かなものとなった．

=== 演習問題 ===

[1] 結晶面の広さが狭いと単一核形成，広いと多核形成が起きる．多核形成と単核形成の移り変るところの結晶面の広さが $A_c = (v_0/j_n)^{2/3}$ となることを示せ．

[2] 多核形成が起きているときの核の間の間隔が $l \approx (v_0/j_n)^{1/3}$ となることを示せ．

[3] 渦巻き成長でステップ間隔 λ が臨界核半径の 19 倍もあるのに，ステップの

間で核形成しないのはなぜか考察せよ．

[4] $\Delta\mu$ が大きくなると，渦巻き成長則 $V \propto (\Delta\mu)^2$ は理想的成長則 $V \propto \Delta\mu$ より大きくなりそうだが，これは可能だろうか．

電子顕微鏡と走査トンネル顕微鏡（STM）

　結晶の表面にできるステップ，2次元核などの高さは原子と同じナノメートル（nm = 10^{-9} m）以下の長さスケールをもつ小さなものである．一方，普通の顕微鏡では光の波長（380〜770 nm）程度より小さなものは見えない．そこで，これを"見る"のには波長の小さな波を使うことが必要になる．量子力学によると，一般の粒子は"粒子性"と"波動性"の二重性をもっている．たとえば電子を加速して運動量を大きくすると，ド・ブロイの関係から波長の短い波としての性質を示すことがわかっている．この波を使った顕微鏡が電子顕微鏡である．電子を表面すれすれに打ち込むと，波切りの石のように表面で反射されるので，結晶表面の様子がわかる．

　一方，見る代りに"群盲象をなでる"のように，表面をなでて形を調べるのが走査トンネル顕微鏡（STM）である．尖った金属針を金属結晶表面に近づけて電圧をかけると，量子力学の効果で，触ってもいないのに電子がトンネルして針に流れることを用いている．表面からの距離によって電流の大きさが急速に変化するので，表面から一定の距離を保ったまま表面をなぞることができ，ナノスケールの表面のでこぼこが検出できるわけである．"群盲象をなでる"では大勢の人の情報がまちまちで混乱するばかりだが，STM では 1 本の針がなでて得た情報をコンピューターを使ってまとめ，意味あるものにしている．

6 界面不安定性と形態形成

　結晶界面が荒れていれば表面にたどり着いた原子はすばやく結晶に組み込まれて，理想的成長則に従うかというと，実は他の2つの過程，つまり結晶化する原子を成長面まで運んでくる輸送過程や，結晶化したときに界面で発生する潜熱を運び去る熱伝導過程が，理想的な結晶成長を邪魔する．しかも，この過程は成長速度を決めるだけでなく，平らな界面を不安定にする．そして，樹枝状結晶などの複雑な形態を作り出す．

§6.1　マリンズ‐セケルカ不安定性

　再び，融点温度 T_M^0 より過冷却されている温度 T_∞ の液体からの結晶成長を考える．ここで T_M^0 はこれまで出てきた結晶の融点温度で，表面自由エネルギーの効果を含まない，平らな界面をもつときの融点に対応している．また，この章で"平ら"というのは巨視的に見た話であり，前章までの原子的レベルで見れば荒れていてもよい．さて，いったん結晶核ができて成長を始めると，それにともなって潜熱が発生し，界面での温度 T_i は上昇していく．熱が溜まって T_i が融点温度を超えたら結晶成長が止まってしまうので，潜熱を界面から除去する必要がある．

　結晶が成長しているときに液体中の温度分布を考えると，結晶界面付近は潜熱で温度が上がっているため，図6.1のように界面から液体の中に向かって温度勾配ができている．熱力学の第2法則によれば，熱は温度の高い方か

ら低い方に自然と流れていく．潜熱の除去は，この液体中の温度勾配に比例して生ずる**熱拡散流**によって行われる．

ところで，界面が平らなときは，液体内の等温度面は図6.2 (a) のように界面に平行となっていて，すべての場所で同じように熱を逃がしてい

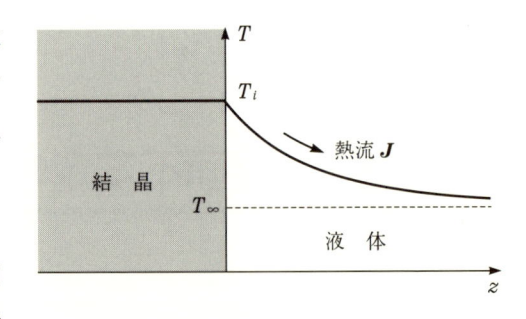

図 6.1　平らな界面をもって定常成長する結晶の近くの過冷却融液中の温度分布

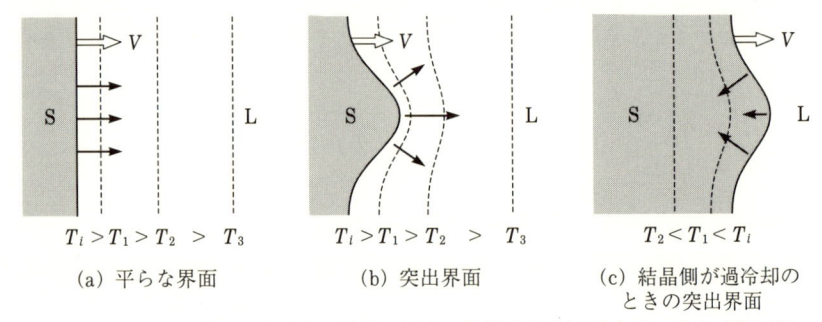

(a) 平らな界面　　　(b) 突出界面　　　(c) 結晶側が過冷却のときの突出界面

図 6.2　過冷却融液中を成長する結晶の周りの等温度線（点線）と熱の流れ（黒矢印）

る．ところが図 (b) のように界面のどこかが出っ張って，温度の低い液体の中に入り込むと，周りは冷えているので熱を逃がしやすい．すると，その近くの温度を上げるので，液体内の温度勾配は急になる．熱の流れは温度勾配に比例しているので，出っ張り付近ではますます熱を液体内に逃がしやすくなる．したがって，出っ張りは周りに比べ成長速度が速くなり，さらに出っ張っていくことになる．このような**界面の不安定性**を初めて理論的に研究した人たちの名をとって，これは**マリンズ-セケルカ不安定性**とよばれる．次の節では，この界面不安定性について，もう少し定量的な解析を行う．

なお，図 (c) のように結晶側が冷えていて，潜熱が結晶中に逃げる場合には，平らな界面が安定である（演習問題 [3]）．Si 単結晶の引き上げ法では，この状況を実現して，界面の不安定性が起こらないようにしている．

§6.2 過冷却融液からの結晶成長 ― 熱伝導方程式 ―

過冷却融液からの結晶成長を理論的に扱うためには，温度変化に対する**熱伝導方程式**を知らなければならない．これは不可逆過程の熱力学の基礎方程式の一つであり，輸送方程式の一例である．

まず，結晶界面での境界条件の一つを導こう．融液から成長する結晶の界面は概して高温なので，熱的に荒れていると見なせる．このとき法線 n 方向への成長速度 V_n は §3.1 で求めたように，過冷却度に比例した理想的な**ウィルソン‐フレンケルの成長則** (3.3) に従う．ただし，ここでの過冷却度は界面でのものであり，それは界面の温度 T_i で決まる．つまり，カイネティク係数 K_T を用いて

$$V_n = K_T \frac{T_M - T_i}{T_M^0} \tag{6.1}$$

となる．ただし T_M は曲がった界面での融点温度で，ギブス‐トムソン効果 (2.7) のために平らな界面の融点 T_M^0 より低くなければならず，その差は

$$\varDelta T = T_M^0 - T_M = \frac{\varDelta \mu}{\varDelta h} T_M^0 = \frac{2\gamma}{\varDelta H R} T_M^0 \tag{6.2}$$

と求められる．ここで $\varDelta h$ は 1 原子当りの潜熱であり，$\varDelta H = \varDelta h / v_S$ は単位体積当りの潜熱である．また R は界面の曲率半径で，γ は表面張力である．ただし話を簡単にするため，表面張力は等方的とした．

ところで，界面の温度は潜熱の除去によって決まる．潜熱は温度勾配 ∇T に比例する熱流 $\boldsymbol{J} = -k \nabla T$ によって界面から運び去られる．ここで k は液体中の熱伝導率である．結晶界面が法線方向へ速度 V_n で成長すると，毎

時間単位面積当り,潜熱 $\Delta H\ V_n$ が発生する.界面が過熱しないためには,この潜熱が法線方向への熱流 $\boldsymbol{n}\cdot\boldsymbol{J}$ で運び去られなければならない.つまり

$$\Delta H\ V_n = -k(\boldsymbol{n}\cdot\nabla)T \tag{6.3}$$

となる.これは結晶化で発生した熱がすべて運び去られるという,界面での**エネルギー保存則**を表している.(6.3) が界面での2つ目の境界条件となる.(いま液体が冷えているので,熱は液体側へだけ逃げていくと考えている.)

液体中の温度は結晶付近で熱く,結晶から離れると融点以下に過冷却されているので空間変化している.すると液体中のある点での温度はその周りからの熱の出入りによって時間変化する.温度 T のところには定圧比熱 C_P を用いて $H = C_P T$ の熱エネルギーが蓄えられていると見なせるので,熱流 $\boldsymbol{J}$ による周りとの熱の出入りを考えると,熱エネルギーの保存則

$$C_P \frac{\partial T}{\partial t} + \nabla\cdot\boldsymbol{J} = 0 \tag{6.4}$$

が成り立つ.ここに熱流の定義式 $\boldsymbol{J} = -k\nabla T$ を代入すると,

$$\frac{\partial T}{\partial t} = D_T \nabla^2 T \tag{6.5}$$

という**熱伝導**の式を得る.この式中の $D_T = k/C_P$ は温度伝導率(または熱拡散率,温度拡散率)とよばれる.

(6.5) は数学的には**拡散方程式**とよばれるタイプの微分方程式の一例である.溶液からの結晶成長でも,溶液中で物質の濃度に空間変化があると,均一になるように濃度分布が時間空間変化する.これも同じ型の拡散方程式に従う.そのため,以下の界面不安定性やその後の形態形成の議論は,溶液中で**物質拡散**が支配する結晶成長の場合にも成り立つ.

§6.3 平らな界面の成長

前節で得た基礎方程式を用いて，熱伝導に支配された結晶成長の定量的解析を始めよう．まず最も簡単な界面の形として，図 6.2 (a) のような，一定速度 V で z 方向へ定常的に成長している**平面界面**を考えよう．このとき温度は x, y 座標にはよらず，z 座標にしかよらないはずである．それも界面からの距離 $z' = z - Vt$ だけで決まるはずである．そこで温度は $T = T(z - Vt) = T(z')$ と書ける．これを拡散方程式 (6.5) に代入すると，

$$\frac{\partial T}{\partial t} = -V\frac{dT}{dz'} = D_\mathrm{T}\frac{d^2 T}{dz'^2} \tag{6.6}$$

となる．この微分方程式の一般解は

$$T(z, t) = T_i + A(1 - e^{-2z'/l_\mathrm{D}}) \tag{6.7}$$

である．ここで T_i は結晶界面 $z' = 0$ での温度である．また，

$$l_\mathrm{D} = \frac{2D_\mathrm{T}}{V} \tag{6.8}$$

で定義される量は長さの次元をもち，**温度拡散長**とよばれる．(6.7) の温度変化の様子は図 6.3 に示すようになり，界面から距離 l_D より遠く隔たったところで温度が一定値 $T_i + A$ に近づいていく．これが過冷却温度 T_∞ であるという境界条件を考慮すると，積分定数が $A = T_\infty - T_i$ と決まる．

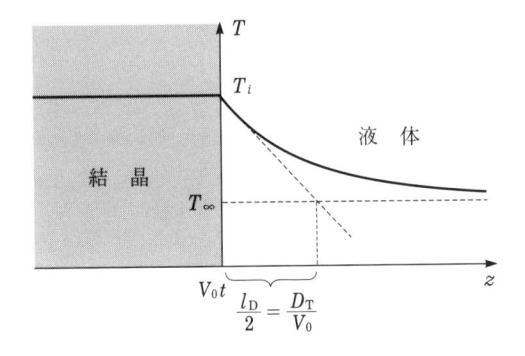

図 6.3 平らな界面をもって定常成長する結晶の近くの過冷却融液中の温度分布

[問1] (6.7)を導け．

一方，境界面でのエネルギー保存則 (6.3) を上の解 (6.7) に当てはめると，$\Delta H\, V = -k(2A/l_0)$ となるので，積分定数は $A = -\Delta H/C_P$ でなければならない．A に関する上の2式から，界面の温度が

$$T_i = T_\infty + \frac{\Delta H}{C_P} \tag{6.9}$$

と定まる．つまり，結晶界面の温度は，液体の深いところの温度 T_∞ よりも潜熱で暖められる温度 $\Delta H/C_P$ 分だけ高くなっている．

このときの成長速度は (6.1) より

$$V = \frac{K_\mathrm{T}}{T_\mathrm{M}^0}\left(T_\mathrm{M}^0 - T_\infty - \frac{\Delta H}{C_P}\right) = \frac{K_\mathrm{T}\,\Delta H}{C_P T_\mathrm{M}^0}(\tilde{\Delta} - 1) \tag{6.10}$$

と定まる．ここで $\tilde{\Delta}$ は，潜熱による温度上昇 $\Delta H/C_P$ で過冷却度 $\Delta T = T_\mathrm{M}^0 - T_\infty$ を割った**無次元の過冷却度**で，

$$\tilde{\Delta} = \frac{T_\mathrm{M}^0 - T_\infty}{\dfrac{\Delta H}{C_P}} \tag{6.11}$$

と定義される．ここまでの計算でわかるのは，結晶の成長速度は過冷却度 $\tilde{\Delta}$ に比例していないということである．界面では理想的成長則 (6.1) を想定したのに，潜熱の発生が全体としての理想的成長則を妨げているのである．それどころか，$\tilde{\Delta} < 1$ では，融液が過冷却されているのに結晶が定常成長できなくて，逆に成長速度が負 ($V < 0$) となる．つまり，融けてしまうというおかしなことが起きている．これは広い界面全体で潜熱が発生しているため，熱伝導では遅すぎて定常的に潜熱を除去できないためである．

このように熱を除去する輸送過程が効き出すと，理想的成長則が成り立たなくなる．輸送過程が結晶成長におよぼす効果にハイライトを当てるために，界面カイネティクスが無限に速いという極限を考えることがある．それ

は界面が十分荒れていて $K_T \to \infty$ という場合に当る．このとき，(6.1) で有限の V_n を実現するためには $T_i = T_M$ のように界面が局所的な平衡温度でなければいけない．局所的というのは，平衡温度 T_M の中には界面の曲率という形で考えている場所の情報が含まれているからである．**局所平衡**を仮定したとき，平らな界面の結晶が成長するとすれば，その速度は $t^{-1/2}$ のように時間と共に遅くなることが示せる．しかし，前節で定性的に述べたように，界面のどこかが平面からずれて出っ張ると，そこがさらに出っ張り，結局 平面でない界面をもった結晶が成長する可能性もある．

§6.4 球状結晶の成長

前節の (6.10) によれば，過冷却度が小さいとき ($\tilde{\Delta} < 1$) は平板界面が定常成長できないことがわかった．そこで界面が曲がっていればどんな成長するかを調べるために，まず図 6.4 のような**球状の結晶**の成長速度を導出しよう．結晶がゆっくりと成長していると，温度の方は半径 R の球の周りですばやく時間変化し終わって，$\partial T/\partial t = 0$ という定常的な空間分布になっていると期待できる．すると，熱伝導方程式 (6.5) は**ラプラスの方程式**

$$\nabla^2 T = 0 \tag{6.12}$$

となる．また，結晶の形が球なので，温度分布も等方的で中心からの距離 r だけの関数となる．そこで $T = T(r)$ と書くと，ラプラスの方程式は

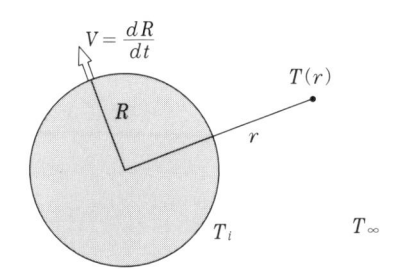

図 6.4 熱伝導に支配された球状結晶の成長

98　6. 界面不安定性と形態形成

$$\nabla^2 T(r) = \frac{d^2 T(r)}{dr^2} + \frac{2}{r}\frac{dT(r)}{dr} = 0 \tag{6.13}$$

と簡単になる．球の中心から遠く離れたときに液体の過冷却温度 T_∞ に近づく解は，

$$T(r) = \frac{A}{r} + T_\infty \tag{6.14}$$

である．ここで A は積分定数で，結晶界面 $r=R$ での境界条件から決まる．

[問2] (6.14) が球対称なラプラス方程式 (6.13) の解となっていることを確かめよ．

まず，エネルギー保存則 (6.3) に解 (6.14) を代入すると，球結晶の成長速度 V と界面での温度勾配が比例していて，

$$V = -\frac{C_P D_\mathrm{T}}{\Delta H}\frac{dT}{dr}\bigg|_R = \frac{C_P D_\mathrm{T}}{\Delta H}\frac{A}{R^2} \tag{6.15}$$

となる．また，成長速度 V が表面 $r=R$ での過冷却度 $T_\mathrm{M} - T(R)$ に比例するという理想的成長則 (6.1) とギブス－トムソン効果の式 (6.2) から，

$$V = \frac{K_\mathrm{T}}{T_\mathrm{M}^0}\left[\left(T_\mathrm{M}^0 - \frac{2T_\mathrm{M}^0 \gamma}{\Delta H\, R}\right) - \left(T_\infty + \frac{A}{R}\right)\right] \tag{6.16}$$

となる．上の2つの関係式を連立して解けば，積分定数 A は

$$A = \frac{R^2\left(T_\mathrm{M}^0 - T_\infty - \dfrac{2T_\mathrm{M}^0 \gamma}{\Delta H\, R}\right)}{d_\mathrm{K} + R} \tag{6.17}$$

と定まる．ここで $d_\mathrm{K} = C_P T_\mathrm{M}^0 D_\mathrm{T}/K_\mathrm{T}\Delta H$ はカイネティクスの長さである．また結晶の成長速度 V も

$$V = \tilde{\Delta}\frac{D_\mathrm{T}}{R + d_\mathrm{K}}\left(1 - \frac{R_\mathrm{c}}{R}\right) \tag{6.18}$$

と決まり，図 6.5 のように振舞う．ここで，$\tilde{\Delta}$ は無次元化した過冷却度であ

り，3次元の臨界核半径 R_c を表す (2.9) は $\tilde{\Delta}$ を用いて，

$$R_c = \frac{2C_P T_M^0 \gamma}{(\Delta H)^2 \tilde{\Delta}} \quad (6.19)$$

と書き直せる．

図 6.5 より，熱伝導に支配された結晶成長の場合でも，3次元結晶核の大きさ R が臨界核半径 R_c より小さいと球状結晶は融けてしまい，R_c より大きな結晶だけが成長できることがわかる．球の半径がカイネ

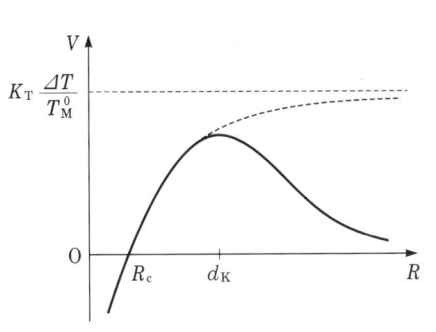

図 6.5 球状結晶の成長速度と半径の関係

ティクスの長さ d_K より小さいと，(6.18) は $V = K_T(\Delta T/T_M^0)(1 - R_c/R)$ と近似することができ，これは§3.4 で導かれた理想的成長則 (3.16) や第3章の演習問題 [3] と本質的に同じである．また，成長速度は拡散定数 D_T を含んでおらず，カイネティクスだけで支配されている．このままなら球が大きくなると一定速度 $V = K_T(\Delta T/T_M^0)$ に近づいていって，定常成長しそうである．

しかし，V は半径 R の大きくなる速度だったので，時間が経つとやがて球の半径は d_K より大きくなる．$R \gg d_K$ となったときには，今度は (6.18) 中の d_K が無視できるようになり，

$$V = \tilde{\Delta} \frac{D_T}{R}\left(1 - \frac{R_c}{R}\right) \quad (6.20)$$

と近似される．このときは逆に成長速度 V はカイネティク係数 K_T には依存しなくて，拡散 D_T だけに支配されている．

ここで，半径 R が R_c よりずっと大きいと表面張力は効かないので，結晶の成長速度は球の半径に反比例して遅くなっていく．

$$V = \tilde{\Delta} \frac{D_T}{R} \quad (6.21)$$

$V = dR/dt$ であるので,半径の時間変化が簡単に積分で求められて,$R = \sqrt{2D_\mathrm{T}\tilde{\varDelta}t + R(0)^2}$ となる.この $R(0)$ は時刻 $t = 0$ での半径である.十分時間が経つと,成長速度 $V = dR/dt$ は $t^{-1/2}$ に比例して遅くなっていく.これは球の半径が大きくなって平面に近づいてくると,熱伝導に支配された結晶は一定速度で定常成長できないという,前節の結果と合致している.

さて,以下では熱伝導だけに支配されて,カイネティクスや表面張力が効かない場合の結晶成長の特性を,問題を直接解かずに,もう少し一般的に考えてみよう.まずこの系の**特徴的な長さ**を探すと,それは2つしかない.1つはもちろん結晶の大きさを特徴付ける長さで,球形核の場合には その半径 R である.もう1つは液体中で温度変化の起きている領域の大きさで,これは (6.8) で定義され,結晶の成長速度 V に反比例している温度拡散長 $l_\mathrm{D} = 2D_\mathrm{T}/V$ である.一方,結晶の成長条件を表しているのは,$\tilde{\varDelta}$ という無次元の過冷却度である.次元をもたない量が決められるのは,やはり無次元の量でしかないので,結局 成長条件 $\tilde{\varDelta}$ は2つの長さの比である**ペクレ数**

$$\mathrm{Pe} \equiv \frac{R}{l_\mathrm{D}} = \frac{VR}{2D_\mathrm{T}} \tag{6.22}$$

だけしか決められない.いまの球形結晶では,Pe と $\tilde{\varDelta}$ の関係は (6.21) を書き改めて

$$\mathrm{Pe} = \frac{\tilde{\varDelta}}{2} \tag{6.23}$$

となっている.

(6.22),(6.23) によれば,過冷却度 $\tilde{\varDelta}$ を決めても成長速度 V と球の半径 R の積しか決まらない.この成長速度と曲率半径の関係を図示すれば,図 6.6 のよ

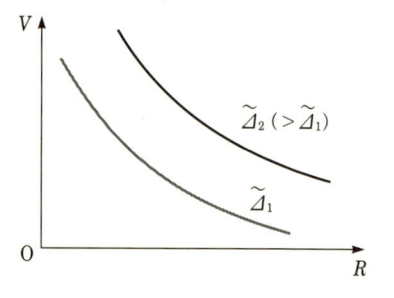

図 6.6 結晶成長速度 V と曲率半径 R の関係

うになる．つまり，半径が小さいほど成長速度が速い．すると，大きな半径 R の球の一部が少し出っ張って局所的には小さな半径の球が成長し始めたような場合には，このゆらぎの方が速く成長して元の大半径の球を不安定化させてしまうように見える．この不安定性については§6.6で再び考察しよう．

§6.5　針状結晶　ーイヴァンツォフの解ー

前節で，結晶が球形なら，過冷却度 $\tilde{\Delta}$ が1より小さくても有限の成長速度をもつことがわかった．しかし，球のままでは半径がどんどん大きくなるため，速度が遅くなってしまい，定常的な成長が不可能であった．そこで，先端の曲率半径が一定ならば，定常成長が可能だと思われる．先端の曲率半径が一定 R のままで z 方向に一定の速度 V で定常成長する形として，イヴァンツォフは図6.7(a)のような回転放物面体の針状結晶

$$z = Vt - \frac{x^2 + y^2}{2R} \tag{6.24}$$

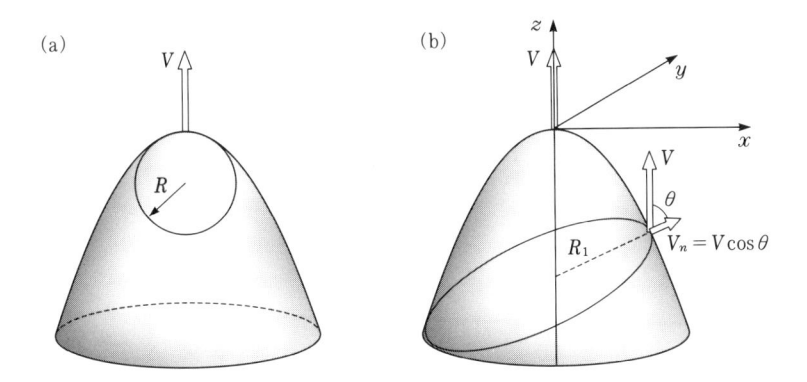

図6.7　(a) イヴァンツォフの針状放物面体結晶
　　　　(b) 先端付近の法線速度

があることを示した．ただし，表面張力はないとしているので $R_c = 0$ であり，結晶表面はちょうど融点 T_M^0 の等温度線となっている．これを**イヴァンツォフの解**という．

図 (b) でわかるように，結晶全体が z 方向に一定の速さ V で成長すると，結晶表面に垂直な法線方向の速度は $V_n = V\cos\theta$ のように結晶の根元ほど遅くなっていく．そのため，潜熱の発生は法線成長速度 V_n の大きな針の先端付近に集中するだけで，先端から遠ざかるとあまり熱が発生せず，全潜熱を熱伝導だけで液体中に逃がすことが可能になる．これが定常成長が可能となる理由である．

一方，結晶の形をみると，曲率半径は結晶先端で一番小さく，先端から離れると大きくなっていく．図 (b) のように，先端から離れて法線方向が z 軸方向から θ 傾いた点では，曲率半径の 1 つが $R_1 = R/\cos\theta$ となる．そこで結晶成長速度と曲率半径の積は $V_n R_1 = VR$ のようにどこでも一定になることがわかる．この VR の積は，前節の球形核のところで議論したように，(6.22) のペクレ数 Pe と関係していた．つまり，熱伝導だけで支配された結晶成長では，結晶の形を特徴づける長さ（ここでの先端曲率半径 R）と液体中の温度変化を特徴づける長さ（拡散長 l_D）との比であるペクレ数 Pe は，無次元過冷却度 $\tilde{\Delta}$ だけで決まってしまうのである．イヴァンツォフ放物面体の場合は，くわしい計算により，ペクレ数 Pe と無次元過冷却度 $\tilde{\Delta}$ の関係が，

$$\tilde{\Delta} = \mathrm{Pe}\, e^{\mathrm{Pe}}\, E_1(\mathrm{Pe}) \tag{6.25}$$

のようになると示されている．ここで，$E_1(\mathrm{Pe}) = \int_{\mathrm{Pe}}^{\infty} x^{-1} e^{-x}\, dx$ は積分指数関数である．この関係式をイヴァンツォフの関係という．小さな過冷却度 $\tilde{\Delta}$ のときには，ペクレ数も小さいので $e^{\mathrm{Pe}} \approx 1$，$E_1(\mathrm{Pe}) \approx -\gamma - \ln\mathrm{Pe}$ となる．ここで $\gamma = 0.57721\cdots$ はオイラー定数とよばれる定数である．

放物面体結晶の場合も，過冷却度 $\tilde{\Delta}$ は先端の速さ V と曲率半径 R の積

だけを決めるので，V と R の関係は図 6.6 と同じになる．先端曲率半径 R の大きな針状結晶はゆっくり成長するが，もしゆらぎで先端付近が突き出すと，尖って R が小さくなり，そこは周りより速く成長する．つまり，勝手な方向へどんどん尖っていくばかりなので，結晶はゆらぎに敏感で，細分化して不規則な形になってしまうだろう．熱伝導のような拡散過程が支配する結晶成長では，滑らかな界面はどうしても不安定となってしまうようである．

§6.6 フラクタル結晶

拡散に支配された結晶成長では，界面が不安定となることが前節からわかった．するとわずかなゆらぎにも反応して不規則に枝分かれをくり返し，複雑な構造となる．これは実験でも確かめられており，たとえば図 6.8 に示されているのは，硝酸銀水溶液の中に銅板をつけたときにできた結晶の様子である．

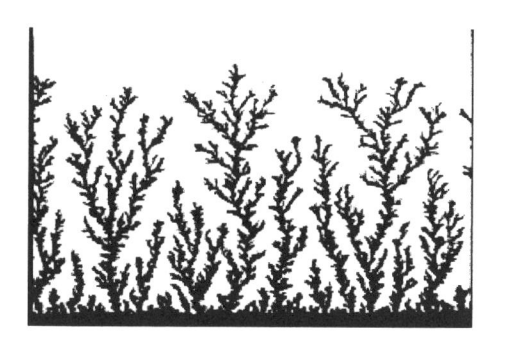

図 6.8 硝酸銀水溶液中から銅板の端に凝固する銀のフラクタル結晶

銀は溶液の中で周りの水分子に不規則に突き動かされて拡散運動をしており，たまたま銅板に接触すると，イオン化傾向の違いのために銅は溶け出し，銀は結晶化して二度と溶けることがない．したがって，析出した銀結晶の周りでは銀イオンが消費されて少なくなっており，拡散で銀イオンを結晶に運んでくるという輸送過程がこの結晶の成長を支配している．

この不可逆的な結晶成長の状況を理想化したものが，**DLA**（diffusion-limited aggregation，**拡散律速凝集**）とよばれる計算機シミュレーションのモデルである．これは，まずどこかに結晶の種となる 1 原子を置き，その周

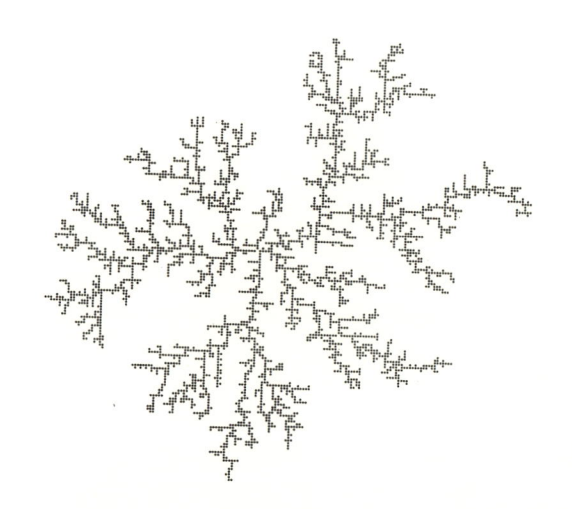

104   6. 界面不安定性と形態形成

図 6.9 DLA クラスター

りから原子を1つ放して拡散運動させ，結晶の種に触れたら結晶化させる．これらの結晶原子は動けないものとする．拡散原子が結晶化した後で再び拡散原子をまた1つ放出するという過程を次々くり返してでき上がったのが，図 6.9 のような DLA クラスターである．

拡散原子が結晶化するまでいくら時間がかかっても構わないことからわかるように，この結晶の成長速度はゼロである．したがって (6.8) で速度に反比例していた拡散長は無限大となり，体系に特徴的な長さはなくなっている．そこで，大きな凝集体も小さなものもスケールをそろえると，同じに見える．こういう形態の特徴を自己相似性といい，自己相似な構造を**フラクタル**という．DLA もこのフラクタルの1つである．

たとえば，中心から半径 r の中にある凝集体粒子の数を $N(r)$ とする．半径が b 倍になったときに，中の粒子の数は b^{D_f} 倍になるという相似則が成り立つ $(N(br) = b^{D_f} N(r))$．これより，$N(r) = Ar^{D_f}$ であることがわかる．ここで D_f は**フラクタル次元**とよばれ，凝集体が置かれている空間の次元 d よりは一般に小さい．2次元の DLA では数値シミュレーションより $D_f \cong$

1.71 と求められている．これを d 次元空間内の凝集体中の結晶密度に直せば，$n(r) \sim N(r)/r^d \sim r^{-(d-D_f)}$ となって，凝集体のサイズ r が大きくなると密度がどんどんゼロに近づくことがわかる．これは DLA を作るときに無限に広い空間内にただ 1 つの拡散原子しかいないという，密度ゼロの拡散場から成長してきたことを反映している．フラクタルに関してのくわしい説明は，本シリーズの「フラクタルの物理」を参照されたい．

§6.7 表面張力の効果

拡散により結晶の成長が支配されると界面が不安定となることが理論的に示され，実験的にも不規則に分岐する凝集体が見出されている．しかし，図 6.10 のように規則的な形をした樹枝状結晶も見つかっている．この規則的な形はどのようにして実現されているのだろうか．また，その先端は放物線のように見えるが，その形，特に先端曲率はどのように定まっているのかを考えよう．

この**規則的樹枝状結晶**の先端は放物線のように見えるが，過冷却度を与えると，その成長速度，先端曲率などが一意的に決まるところが，§6.5 で扱ったイヴァンツォフの解と違っている．§6.5 で無視されていたのは表面張力だったので，これが成長状態の一意的な決定に重要な役割を果たしているのではないかと考えられる．§6.1 でも述べたように，拡散過程は平らな界面を不安定化していた．一方，表面張力は突出部の平衡温度を下げて，界面での実効的過冷却度を小さくするので，突出部の加速を抑え，平らな界面を安定化する効果がある．ここでは樹枝状結晶の先端部分を球状結晶の一部と見なして，球状結晶の成長に対する表面張力の効果をもう少しくわしく追求しよう．つまり樹枝状結晶の先端曲率半径 R と先端の前進速度 V を，球結晶の成長から評価してみよう．

表面張力があるときの球の半径 R と成長速度 V の関係 (6.20) は

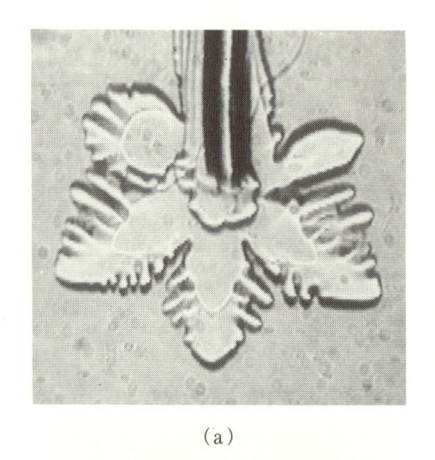

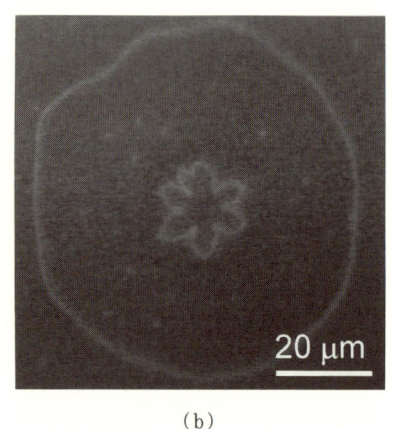

図 6.10 さまざまの規則的樹枝状結晶
(a) 氷（北海道大学 古川義純氏のご好意による．）
(b) Si 上の Si 単層島（P. Finnie and Y. Homma: Physical Review Letters **85** (2000) 3237 より，一部を転載．）
(c) 高分子ポリスチレン（京都大学 田口 健氏のご好意による．）

$$\tilde{\Delta} = \frac{2R}{l_D} + \frac{2d}{R} = \tilde{\Delta}_D + \tilde{\Delta}_K \qquad (6.26)$$

と書き直せる．ここで，$l_D = 2D_T/V$ はすでに (6.8) で導入した拡散長であり，熱伝導が界面不安定化を起こす様子を表している．一方，

$$d = \frac{C_P T_M^0 \gamma}{\Delta H^2} \tag{6.27}$$

は，**毛管長**とよばれる長さで，表面張力が界面を安定化しようとする効果を表している．毛管長 d は臨界核半径とは $R_c = 2d/\tilde{\Delta}$ という関係があり，潜熱による温度上昇 $\Delta H/C_P$ と同程度の過冷却温度 ($\tilde{\Delta}=2$) で平衡となる球結晶の半径である．

(6.26) は与えた過冷却度 $\tilde{\Delta}$ が結晶の成長に対し $\tilde{\Delta}_D$ だけ，界面の安定化に対して $\tilde{\Delta}_K$ だけ割り振られていることを表している．$V =$ 一定で R の関数としてこの式の右辺を図示すると，図 6.11 (a) のとおりである．R が大きいと結晶を成長するのに大きな駆動力 $\tilde{\Delta}_D$ が使われ，界面の安定性が損なわれる．一方，R が小さいと過冷却度の大部分はギブス-トムソン効果 $\tilde{\Delta}_K$ に使われ，結晶成長に効いてこない．両者に等しく割り振られる ($\tilde{\Delta}_D = \tilde{\Delta}_K$) 半径は，拡散長 l_D と毛管長 d の幾何平均

$$\lambda_s \equiv \sqrt{d l_D} \tag{6.28}$$

で与えられる．この長さ λ_s を**安定化の長さ**という．そのとき右辺は最小

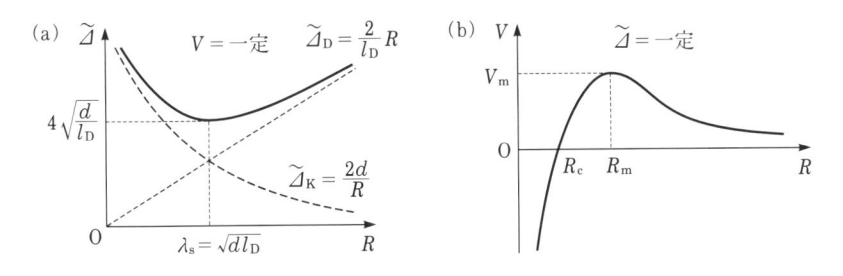

図 6.11 (a) 無次元過冷却度 $\tilde{\Delta}$ と球の半径 R の関係．V は一定としている．
(b) $\tilde{\Delta} =$ 一定 のときの拡散に支配された球状結晶の速度 V と半径 R の関係．

値 $4\sqrt{d/l_\mathrm{D}}$ となる．この半径 $R = \lambda_\mathrm{s}$ で結晶が安定して成長できると仮定すると，右辺の値 $4\sqrt{d/l_\mathrm{D}}$ が無次元過冷却度 $\tilde{\Delta}$ に等しいので，結晶成長速度が $V_\mathrm{m} = D_\mathrm{T} \tilde{\Delta}^2/8d$，先端曲率半径が $R_\mathrm{m} = 4d/\tilde{\Delta}$ と決まる．

実は，この R_m は，半径 R の関数としての成長速度 $V = D_\mathrm{T}(\tilde{\Delta}/R - 2d/R^2)$ を最大にしている（図 6.11 (b)）．つまり，過冷却度 $\tilde{\Delta}$ が与えられたときの最大成長速度 V_m と曲率半径 R_m の 2 乗の積は $\tilde{\Delta}$ によらず，$V_\mathrm{m} R_\mathrm{m}^2 = 2dD_\mathrm{T}$ という関係が成立していることになる．

§6.8 規則的樹枝状結晶 — 速度選択則 —

前節で求めた最大成長速度や曲率半径は，実験とはずれていた．それは前節の議論が球形の結晶に対してのものであり，実際の結晶は§6.5で扱った回転放物面体に近い形をしているからである．そこで，樹枝状結晶の定常成長速度と先端曲率を理解するために，その後 非常に難解な理論解析と多くの数値シミュレーションが行われた．これらの説明は本書の範囲をはるかに超えるので，ここでは得られた結論の概要をまとめて記しておこう．

前節でみたように，拡散と表面張力が絡んだこの問題には，いくつかの特徴的な長さがあった．その1つは (6.8) で導入された不安定化を表す温度拡散長 l_D であり，もう1つは安定化を表す (6.27) の毛管長 d であった．この両者の幾何平均として (6.28) の安定化の長さ $\lambda_\mathrm{s} = \sqrt{dl_\mathrm{D}}$ が定まった．そしてもちろん結晶の形を特徴づけるのは，その先端の曲率半径 R である．

上の長さから，またいくつかの無次元量が作られる．1つは成長速度を特徴づける (6.22) のペクレ数 $\mathrm{Pe} = R/l_\mathrm{D}$ であり，また安定化の長さからは表面張力の効果を示す**安定性パラメーター**

$$\sigma \equiv \frac{\lambda_\mathrm{s}^2}{R^2} \tag{6.29}$$

が定義される．この2つの無次元量 Pe と σ が，結晶の成長を制御する外部

§6.8 規則的樹枝状結晶 — 速度選択則 —

パラメーターである無次元過冷却度 $\tilde{\varDelta}$ や物質パラメーターである表面張力とで決まれば，成長状況が一意的に決まることになる．つまり，Pe と σ から，

$$R = \frac{d}{\sigma \mathrm{Pe}}, \qquad V = \frac{2D_\mathrm{T}}{l_\mathrm{D}} = \frac{2D_\mathrm{T} \sigma \mathrm{Pe}^2}{d} \qquad (6.30)$$

のように，結晶の形を決める先端曲率半径 R と成長速度 V が定まる．

表面張力のあるとき，球としての最大速度を与えるという条件は，$\mathrm{Pe} = \tilde{\varDelta}/4, \sigma = 1$ を与える．しかし，樹枝状結晶成長ではその先端が§6.5のイヴァンツォフの解に近いので，ペクレ数はほぼ (6.25) で与えられる．そしてたとえば，氷結晶の樹枝状成長に対しては，$\sigma \approx 0.02$ という実験値が得られた．くわしい理論解析によると，σ は表面自由エネルギーの**異方性**で決まることがわかった．特に表面張力が等方的で，界面がどちらを向いていても表面自由エネルギーに違いがないときには $\sigma = 0$ となり，定常的に結晶が成長することは不可能と結論された．表面自由エネルギーが異方的なときだけ σ は有限に定まり，規則的な樹枝状成長が可能なのである．

表面自由エネルギーが面の向きに依存しているときには，界面の局所的平衡温度 T_M と曲率の間の関係はヘリングの関係式 (2.24) で決まるので，界面スティフネス $\tilde{\gamma}$ が重要になってくる．たとえば (6.27) で定義される毛管長 d に出てくるのは，界面スティフネス $\tilde{\gamma}$ になる．ところが第2章の演習問題 [7] で示されたように，界面自由エネルギー γ とスティフネス $\tilde{\gamma}$ ではその大小の方向依存性が逆転する．つまり γ の大きい方向では $\tilde{\gamma}$ が小さく，平らな界面にもどそうとする復元力が小さい．そして樹枝状結晶は，この復元力の小さい方向に安定に伸びることが示された．さらに σ が毛管長の異方性を表すパラメーター $\tilde{\varepsilon}$ に対し，$\sigma \propto \tilde{\varepsilon}^{7/4}$ のように依存することも導かれた．

異方性が重要であることは，次のように直観的に理解できるだろう．復元力の小さな方向では毛管長 d が最小となり，(6.30) で示されるように d に

逆比例する先端の成長速度 V は**最大**となる．そのため，その方向を向いた規則的樹枝状結晶は他の樹枝状結晶に邪魔されることがなく生き残ることができると考えられる．

異方性の重要性を示すものとして，ここでは次の2つの実験例を挙げておこう．一つは片面にわずかに不規則な凹凸を付けた2枚の平行平板の間で，水溶液から NH_4Cl 結晶を成長をさせたものである．本来ならば先端が安定で規則的な樹枝状成長をするはずなのに，図6.12に見られるように，ガラス面の凹凸により先端の環境が不規則な変動を感じ，先端が分裂して不規則な結晶となっている．

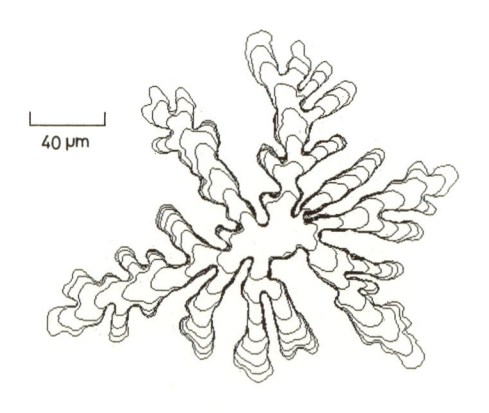

図6.12 ガラス面の凹凸で不安定化した樹枝状結晶 (H.Honjo, S.Ohta and M.Matsushita : Journal of Physical Society of Japan, **55** (1986) 2487-2490 より転載.)

もう一つは平行平板間の隙間に詰められている液体中に，上板の1点から気体を押し出したときに見られる**粘性突起**の実験である．図6.13はシリコンオイル中に窒素ガスを押し出したときに見られる形である．気体が出っ張ると前面の圧力勾配が増すので，出っ張りはますます飛び出していく．そのため，気液の界面は円形ではなく先端分

図6.13 ガラス面の溝で安定化した樹枝状の粘性突起（中央大学 松下 貢氏のご好意による.)

裂をくり返し，多数の指状の突起があちこちに不規則に伸びていく．ここで片方の板の表面に1本の直線状の溝を彫っておくと，異方性が導入される．すると，この溝に沿って先端の安定な樹枝状の突起が伸びていく．しかもその伸びる速さは，溝のない方向へ延びる不規則なものより速い．このように異方性により先端が安定化され，しかも速く伸びることが安定化に関係していることが示された．

================ 演 習 問 題 ================

[1] サクシノニトリルという物質は透明なので樹枝状結晶成長の観察に都合がよく，よく用いられている．その融点は $T_M = 331.2\,\mathrm{K}$，結晶体積当りの潜熱が $\Delta H = 46.3\,\mathrm{J/cm^3}$，定圧比熱が $C_P = 2.0\,\mathrm{J/K \cdot cm^3}$，界面張力が $\gamma = 8.95 \times 10^{-7}\,\mathrm{J/cm^2}$，温度拡散定数が $D_T = 1.16 \times 10^{-3}\,\mathrm{cm^2/s}$ である．

(1) 毛管長 d を求めよ．

(2) 結晶の成長速度が $V = 0.1\,\mathrm{cm/s}$ のとき，温度拡散長 l_D を求めよ．また，安定化の長さ λ_s を求めよ．

(3) このとき樹枝状結晶が成長して，その先端曲率が $R = 5 \times 10^{-4}\,\mathrm{cm}$ であった．安定性パラメーター σ を求めよ．

[2] 希薄溶液から純粋物質が成長するときも，平らな界面は不安定であることを示せ．このときも樹枝状結晶が作られる．

[3] 図6.2(c)のように，暖かい融液の中を融点温度以下に冷却された結晶が成長していくときには，平らな界面が安定であることを説明せよ．

[4] 過熱された結晶が融けていく（図6.14）

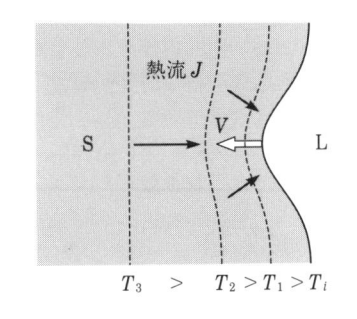

図6.14 過熱結晶の融解

とき，平らな界面は不安定であることを論ぜよ．

　きれいな氷に虫眼鏡などで光を当てると，結晶内部から融け出し，そのとき界面は六本の腕をもつ樹枝状となる．これを発見者に因んで，「チンダルの花」という．その形は図 6.10 (a) とほとんど同じであるが，いまの場合は周りにある母相は氷の結晶であり，中は水である．さらに密度の違いのために，「花」の中に水蒸気の丸い気泡が入っている．このチンダルの花は周りの氷が過熱し，そこから熱を吸収しながら界面が融けていくために，界面の不安定性が生じているのであろうといわれている．

雪は天からの手紙

　樹枝状結晶として私たちに一番身近なのは雪だろう．これは空中の水蒸気が冷やされて氷となったもので，気相からの昇華である．水蒸気の水分子が空気中を拡散して結晶核に到達するという物質拡散の過程が成長を支配している．そこで界面の不安定性が生じて，千差万別の腕の形を生み出している．しかし，第 6 章の議論とは違って，雪は枝の先端が丸くなく尖っているのが特徴的で，これは結晶がラフニング温度以下で成長したことを表している．枝振りが雪の一つ一つで違うことは，雪のできる環境の微妙な変化を反映しているといわれる．

　日本では中谷宇吉郎が世界で初めて人工雪を作って以来，雪の研究では最先端を走っている．彼の残した表題の言葉は，雪の形を理解して上空の気象条件を理解しようという研究目標を表したものである．旭川には"雪の美術館"があり，また北海道大学低温科学研究所の古川義純研究室のホームページには，美しい雪の写真がたくさん載っている．

7 エピタキシャル成長

工業として結晶を作るときは，大きくて完全性の高い単結晶を安く作るというのが一つの目標である．たとえば，半導体のシリコン単結晶は不純物の含有量が10億分の1という高純度のものを直径30cmの大口径で作れるようになっている．しかし，ここから切り出したウェハーに機能を与えるときには，また別の結晶成長機構の理解が必要になってくる．それが基板結晶の上に原子スケールで膜厚などを制御しながら結晶を成長させるエピタキシャル成長である．このエピタキシャル成長の理解には，平らな結晶表面上で原子がどのように動いて結晶に取り込まれていくかというダイナミクスが重要である．また，表面で起きるさまざまの動的不安定性が界面の荒れ具合に効いてくる．

§7.1 エピタキシャル成長

最近の高度情報化社会では，多数の機能を半導体基板上に高密度に集積化するため，精度良く結晶表面を微細加工する必要に迫られている．また，量子井戸，量子ドットなどの量子効果を用いた素子のためには，原子の解像度で制御された表面構造を作る必要がある．これら表面構造の制御に着目した結晶成長が，**エピタキシャル成長**である．これは平らな**基板単結晶**の上に，原子レベルで膜厚や形状を制御しながら結晶を成長させる方法で，基板の規則的結晶方位の影響を受けた**単結晶薄膜**が作られる．途中で，堆積する分子種を変えて多層膜を作ることも多い．そのときに界面が原子レベルで平らで

あることも必要となる．母相が気相か液相かで，気相または液相エピタキシーとよばれる．また，積み上げられる結晶分子が基板分子と同じなら**ホモエピタキシー**，異なるなら**ヘテロエピタキシー**とよばれる．

基板結晶が平坦であれば，その上に吸着した結晶は下地の結晶周期性や方向性の影響を受けて成長していく．ヘテロエピタキシーでは格子構造が違ったり，格子間隔が違うために，面方位を変えて格子が**整合**するようにしたり，不整合転位を入れて歪を解消しようとする．また界面自由エネルギーによっても，上に吸着した結晶の成長の仕方が変る．

すでに§2.7の不均一核形成のところでも述べたように，上の結晶が基板を

(1)　完全に濡らす

(2)　不完全に濡らす

(3)　全く濡らさない

という3つの場合があった．(3)の場合は，基板上にヘテロエピタキシー成長しないので，これは考えなくてもよい．(1)の場合は上の層は下地を完全に濡らしながら一層ずつ層成長するであろう．これを**フランク‐バン デル メルベ (FM)** の成長様式という (図7.1 (a))．一方，濡れが不完全な(2)の場合には，上にできた結晶は3次元の島になる．このような成長を**ボルマー‐ウェーバー (VW)** の成長様式という (図 (b))．

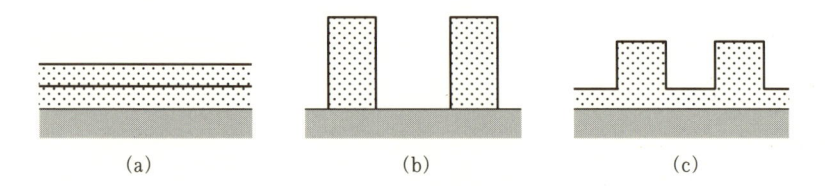

図7.1　ヘテロエピタキシャル成長の三様式
　(a)　フランク‐バン デル メルベ(FM)層成長
　(b)　ボルマー‐ウェーバー(VW)島成長
　(c)　ストランスキー‐クラスターノフ(SK)層‐島成長

平らな表面が欲しいときには，層成長が望ましい．しかし，異種分子を堆積していくと，厚くなるにつれて格子間隔の不一致による歪エネルギーが蓄積していき，やがて不整合転位が導入される．ところが実際にはもう一つの成長の仕方がある．それは上の層が薄いときは下地を完全に濡らしながら層成長していき，ある程度膜が厚くなって格子歪のエネルギーに耐えられなくなったときに島成長に変るもので，**ストランスキー‐クラスターノフ(SK)** の成長様式とよばれる(図(c))．基板結晶の格子間隔を保ったコヒーレントな島は一般にはサイズは小さく，転位が入ってしまうと大きな島になる．

§7.2 表面拡散

ヘテロエピタキシーでは格子歪が重要で弾性論を必要とするため，以下では話の簡単なホモエピタキシーの場合を考える．§4.1でも述べたように，結晶の表面には平らなテラス，段差の違うステップ，ステップの曲がり目であるキンク等の構造がある．ほぼ平らな面の上に気相から原子が蒸着してくると，結晶化の位置，つまりキンクのところに直接飛び込んで結晶に組み込まれることは極々まれであろう．普通は図7.2のように，吸着した原子が結晶表面を熱ゆらぎで動き回る間に，キンクを見つけて組み込まれる．このよ

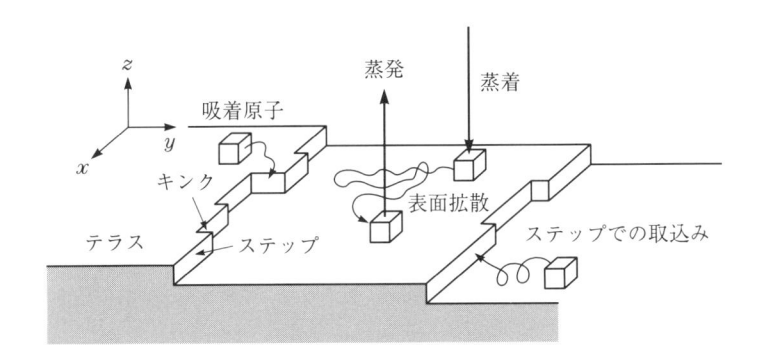

図 **7.2** 結晶表面での原子の動き

うな吸着原子の運動を**表面拡散**という．

結晶の2次元表面に吸着した原子のその後の移動を考えたいが，まず話が簡単である**1次元**から始めよう．図7.3のように，原子は平均して時間 τ_s 経つと右か左にジャンプするとしよう．時間 t 経ったときに，原子は最初にいた位置（これを原点 $x=0$ とする）からどれだけ離れた所にいるだろう．原子はこの時間の間に $M = t/\tau_s$ 回のジャンプをしており，そのうち M_1 回は右へ，$M - M_1$ 回は左へ移動し，いま $x = (2M_1 - M)a$ にいる．ただし格子定数は a とした．もちろん右へ行く確率と左へ行く確率は等しく $1/2$ なので，現在の位置は平均すれば原点そのものである．でも原子が動いていないかというと，あちこち動き回っているはずだし，時間が経てばどんどん足を伸ばしているはずである．それは変位の2乗 $x^2 = (2M_1 - M)^2 a^2$ で表せる．この値の平均を考えよう．

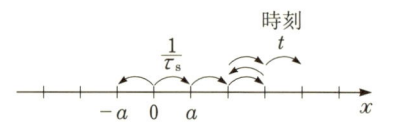

図7.3 1次元ランダム・ウォークの様子

M 回のジャンプのうち，M_1 回右へ飛ぶという確率は

$$\Pr(M_1) = \frac{M!}{M_1!(M-M_1)!}\left(\frac{1}{2}\right)^M \tag{7.1}$$

で与えられ（図7.4），M_1 について 0 から M まで和をとれば 1 になる．

$$\sum_{M_1=0}^{M} \Pr(M_1) = 1 \tag{7.2}$$

この分布は，$M_1 = M/2$ にピークをもっていて，右に半分，左に半分行く確率が一番高い．しかし，それ以外の組合せも有限の確率で可能である．そして分布関数 Pr はジャンプ総数 M が多いほど幅が広くなっていることに注意しよう．この確率分布である量 $A(M_1)$ を平均することを，記号

$$\langle A \rangle = \sum_{M_1=0}^{M} A(M_1) \Pr(M_1) \tag{7.3}$$

と書く．M_1 の平均値は $\langle M_1 \rangle = M/2$，$M_1^2$ の平均値は $\langle M_1^2 \rangle = M(M+1)/4$

§7.2 表面拡散　117

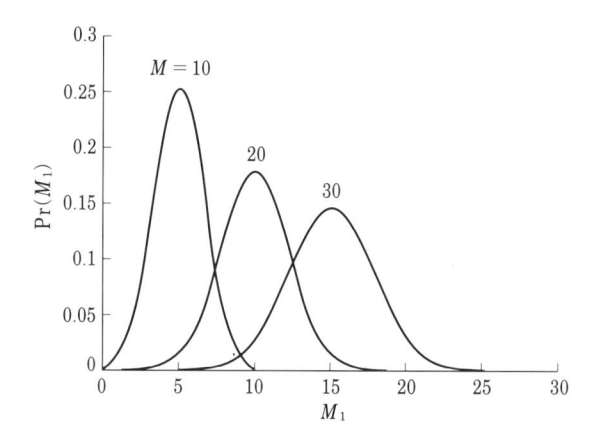

図7.4　確率分布関数

となる（演習問題 [1]）．これらの結果を用いると，現在 粒子のいる位置の 2 乗平均は $\langle x^2 \rangle = Ma^2 = (a^2/\tau_s)t$ のように時間 t に比例して大きくなる．次元が高くなって 2 次元になると，x 方向，y 方向はお互いに無関係なので，中心からの **2 乗平均ゆらぎ**は やはり

$$\langle r^2 \rangle = \frac{a^2}{\tau_s} t \tag{7.4}$$

となる．

なお，§3.1 での議論と同様にして，粒子がジャンプして越えなければいけないエネルギー障壁 E_d があって，熱振動数を ν とすれば，ジャンプまでの**待ち時間**は

$$\tau_s = \frac{1}{\nu} e^{E_d/k_B T} \tag{7.5}$$

と評価される．

§7.3 拡散方程式

このような吸着原子が表面にたくさんあったとき，ある点 $r = (x, y)$ にいる原子数 $N(x, y, t)$ はどのように時間変化をするだろうか．dt 時間の間に dt/τ_s 回ジャンプが起き，前後左右の周りから粒子がやってくる．もちろん，逆に周りへも出て行く．この出入りを表すと，時刻 $t + dt$ で場所 r にいる粒子数は

$$N(x, y, t + dt) = N(x, y, t)\left(1 - \frac{dt}{\tau_s}\right) + \frac{dt}{4\tau_s}[N(x + a, y, t) \\ + N(x - a, y, t) + N(x, y + a, t) + N(x, y - a, t)] \tag{7.6}$$

となる．ここで右辺第1項目は場所 (x, y) にいた粒子が時間 dt の間に一部周りへ飛び出して減ったことを表し，第2項目は周囲から入ってきた粒子の数を表している．ただし，第2項目で分母が $4\tau_s$ となっているのは，dt/τ_s 回のジャンプのうち特定の方向に動くのは，そのうちの 1/4 の確率だからである．

時間 dt が非常に短く，また格子間隔 a も小さいとして展開してみると，

$$\frac{\partial N(x, y, t)}{\partial t} = \frac{a^2}{4\tau_s}\left[\frac{\partial^2 N(x, y, t)}{\partial x^2} + \frac{\partial^2 N(x, y, t)}{\partial y^2}\right] \tag{7.7}$$

と書ける．ここで単位面積当りの粒子数**濃度** $c(x, y, t) = N(x, y, t)/a^2$ を導入すれば，これは

$$\frac{\partial c(x, y, t)}{\partial t} = D_s \nabla^2 c(x, y, t) \tag{7.8}$$

という**拡散方程式**に従う．ここで，

$$D_s = \frac{a^2}{4\tau_s} = \frac{a^2}{4}\nu e^{-E_d/k_B T} = D_0 e^{-E_d/k_B T} \tag{7.9}$$

を**表面拡散定数**という．2つ目の等号は (7.5) を代入して得られた．この式を (3.1) と比べると，分母の定数因子が違うが，これはこの節では表面の2次元拡散を扱っており，§3.1 では3次元空間中の拡散を扱っていたという，空間次元の違いのためである．

さて，拡散粒子の平均2乗変位 (7.4) をこの拡散定数を使って書き直すと，時間 t の間に吸着原子が動き回る範囲の**分散**は，

$$\langle r^2 \rangle = 4D_\mathrm{s} t \tag{7.10}$$

のように拡散定数と時間に比例することがわかる．

［**例題 7.1**］ 結晶を成長させるには，原子を外から結晶表面に降らせてやらなければならない．単位時間に単位面積当り供給される分子数は，(3.6) でも議論した蒸着率 F である．このとき拡散方程式には

$$\frac{\partial c(x, y, t)}{\partial t} = D_\mathrm{s} \nabla^2 c(x, y, t) + F \tag{7.11}$$

というように，単位面積当りの原子数を増やす項が右辺に加わる．

さて，話を簡単にするために1次元系を考え，図 7.5 のように結晶の種が等間隔 l で並んでいるとしよう．ここに外から原子が蒸着してきて，結晶が成長している．いま，結晶の成長はゆっくりで，一方拡散は素早く変化し，$\partial c/\partial t = 0$ という定常状態が成り立っているとする．また $x=0$ と $x=l$

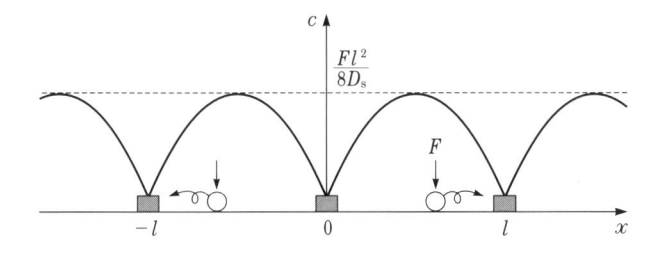

図 7.5 等間隔 l で結晶が並んだ1次元系での拡散場の様子

では吸着原子が結晶化していくので，境界条件 $c(0) = c(l) = 0$ が成り立っているとする．このとき，$0 < x < l$ の間での濃度分布 $c(x)$ を求めよ．

[解] 1次元の拡散方程式は定常近似では $D_s d^2 c(x)/dx^2 + F = 0$ となるので，簡単に積分できて $c(x) = -(F/2D_s)x^2 + Ax + B$ と解ける．境界条件 $c(0) = c(l) = 0$ を代入して，2つの積分定数 A, B を定めると，$c(x) = (F/2D_s)x(l-x)$ となる．これは，図7.5のように放物線の形をしており，2つの結晶核の間で最大値 $c(l/2) = Fl^2/8D_s$ となる．

§7.4 特異面の成長

ラフニング温度以下の低温で，原子的にみても平らな結晶表面に，一定の蒸着率で分子線を当てて薄膜を成長させるのが分子線エピタキシー（MBE）とよばれる方法である．平衡蒸気圧は低いのに分子線で分子は大量に供給されるので，平衡から遠く離れた成長条件になっている．特に低温で，吸着した原子は表面から再脱離しないと考えられる場合が多い．ただし，平らで性質の良い表面をもった結晶を成長させるためには，§7.2 で述べた表面拡散が十分速く起きるような，つまり (7.9) の表面拡散定数が十分大きくなる程度の高温にしておかなければならない．

単位時間に単位面積当り供給される分子数が蒸着率 F であった．蒸着した分子は結晶表面上を拡散している間に他の分子と出会って，結晶核を作る．MBE の行われるような低温では，2次元結晶の臨界核は非常に小さく，2分子の結合を作れば，これは解離することなく成長すると見なせる．つまり，臨界核サイズは1である．このとき，面上に結晶核はどのくらいの数あるだろう．それは蒸着率 F が大きいほど多いだろう．また，表面拡散係数 D が大きければ，蒸着してきた分子は前にできた結晶に組み込まれてしまって数が減るだろう．そこで結晶表面上の単位面積当りにいる独立な結晶核の数を評価しよう．これは**結晶核間の距離 l** と関係していて，$(a/l)^2$ 程度である．だから l を求めればよい．

§7.4 特異面の成長

吸着原子は結晶核の周りでは核に吸われるので濃度がゼロになり，核の間で一番濃度が高くなる．距離 l 離れた2つの結晶核の間では，この濃度は前節の［例題7.1］で見たように $c = Fl^2/8D_\mathrm{s}$ で与えられる．結晶が一層成長する時間 $\tau = (Fa^2)^{-1}$ の間に この領域で核形成が起こらなければ，核間距離は l である．濃度の高い領域の広がりは $l/2$ 程度であり，ここに存在する原子数は $cl^2/4$ である．一層完成するまでの時間 τ の間に，(7.10) により1つ1つの吸着原子は $\sqrt{4D_\mathrm{s}\tau}$ 程度の範囲を動くので，全体として延べで大体 $cl^2/4 \times 4D_\mathrm{s}\tau$ 程度の面積内を動き回る．この中で起きる衝突の回数はその c 倍程度であり，これが1より小さければ新たな結晶核はできない．この条件式を書けば

$$1 > c^2 l^2 D_\mathrm{s}\tau = \left(\frac{Fl^2}{8D_\mathrm{s}}\right)^2 \frac{l^2 D_\mathrm{s}}{Fa^2} \sim \frac{F}{D_\mathrm{s}a^2} l^6 \tag{7.12}$$

を得る．これより，結晶核の間の距離として

$$l \sim \left(\frac{D_\mathrm{s}a^2}{F}\right)^{1/6} \tag{7.13}$$

を得る．実験で制御できるのは蒸着率 F であり，核間距離 l が F の1/6乗に比例するはずである．しかし，実験では1/6〜1/2の間の指数が見つけられている．大きな指数は，実験条件が実は高温であったので臨界核のサイズが1より大きくなるためであるといわれている．

これまでの話は成長中の2次元結晶核が円形であるようなコンパクトなものを想定していた．それは，いったん核に凝集した原子がエネルギーの高い位置から離脱したり，結晶核の縁に沿って移動できるときには可能である．たとえば，結晶の縁に沿ってエッヂ拡散できるようなシミュレーションを行ったとき，2次元結晶は図7.6 (b) のような多角形となる．一方，吸着原子が結晶核に触れたら，二度と脱離したり拡散したりできなくなるという不可逆的な凝集では，すでに§6.6でみたように，結晶核の形は初期にはDLA

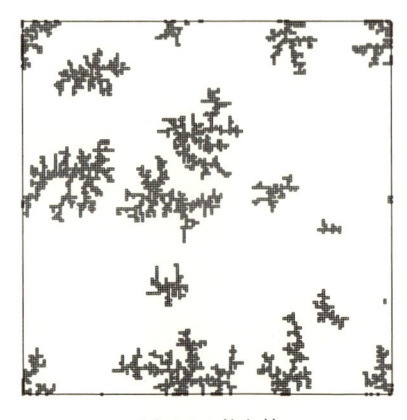

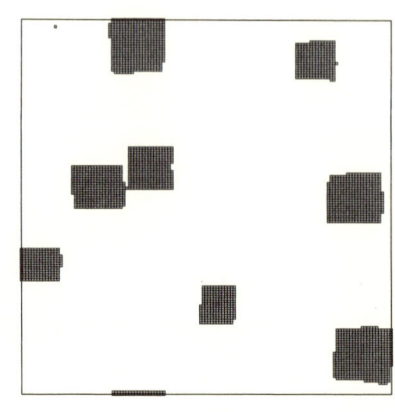

(a) DLA的な核　　　　　(b) 多角形の核

図7.6 平らな特異面上に原子を蒸着させたときに起きる多核形成のシミュレーション

のようになる．その様子は，図 (a) のシミュレーションの結果に見られる．このときの結晶核間距離 l はフラクタル次元 D_f によるといわれている．

§7.5　エーリッヒ - シュウェーベル効果とマウンド不安定性

　特異面上に 2 次元核ができて広がっていくと，やがて 1 層目から 2 層目へと高くなっていく．このとき，1 層目を完全に覆い尽くしてから，2 層目の成長が開始されるのか，それとも成長は多層にわたって起きるのかで成長表面の荒さが異なる．

　図 7.7 に示されるように，ステップ前面の下段テラスを表面拡散してきた原子は，すぐステップの縁（エッヂとよぶ）に触れて結晶化しやすいが，ステップ後方の上段テラスからやってきた原子はいったんステップを乗り越えなければエッヂに接触できない．このためには途中で原子同士の結合

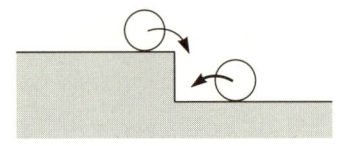

図7.7 エーリッヒ - シュウェーベル効果．下段テラスからの吸着原子の方が上段テラスからよりステップに組み込まれやすい．

§7.5 エーリッヒ‐シュウェーベル効果とマウンド不安定性

を切ったり弱めたりしなければならないので，上のテラスからの原子の取り込みは遅くなる．つまり，ステップへの原子の取り込みカイネティクス係数はステップの前面からの方が後方からより大きいことになる．このような，ステップへの原子の取り込み速度に対する前後の非対称性を**エーリッヒ‐シュウェーベル (ES) 効果**という．また，逆にステップ後方からの方がステップ前面からより原子を取り込みやすいこともあり，これも ES 効果に含まれる．

ここでは話が簡単になるように，吸着原子はステップをまったく乗り越えられないという片側モデルで考えよう．すると，ステップにはその前面の低いテラスからやってくる吸着原子しか結晶化できない．もちろんその逆に，ステップから放出される原子も前面の低いテラス上にしか出て行けない．このとき，平らな面は不安定となることが以下のようにして示される．

平らな特異面上に多層となった島状核が形成され，図 7.8 のような断面となっているとする．片側モデルでは，島の上に蒸着した吸着原子は下のテラスには降りられないので，島の頂上のテラスに降った原子の濃度は高くなり，新たな結晶核を発生しやすい．一方，下のテラスに吸着した原子は，下りステップを降りれないだけでなく，上りステップを乗り越えて上がることもできない．そこでこれら 2 段目以下のテラスに吸着した原子は，そのテラス上で新たな結晶核を作るか，上りのステップ・エッヂに組み込まれて上の

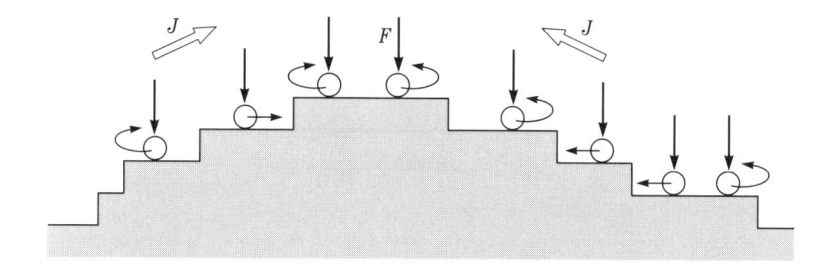

図 7.8 特異面上にできたマウンドの断面図とその上の吸着原子の流れ

124   7. エピタキシャル成長

テラスの面積を広げるしかない．その結果，平均的には島状結晶の微斜面を登る方向に原子の流れが生じる．そこでもし結晶の特異面にゆらぎが生じていったん凹凸ができると，高い方への物質の流れが生まれ，平らな結晶面は不安定となってしまう．このようにしてできる小丘は野球のピッチャーマウンドを連想させるので，この界面不安定性は**マウンド不安定性**とよばれる．

§7.6 微斜面の成長

平らな特異面の成長には2次元核を作らなければならなかったので，結晶表面が途中で荒れることがあった．もし面が傾いていれば，そこにはステップが周期的に入っており，核形成を必要とせずに結晶成長が可能である．つ

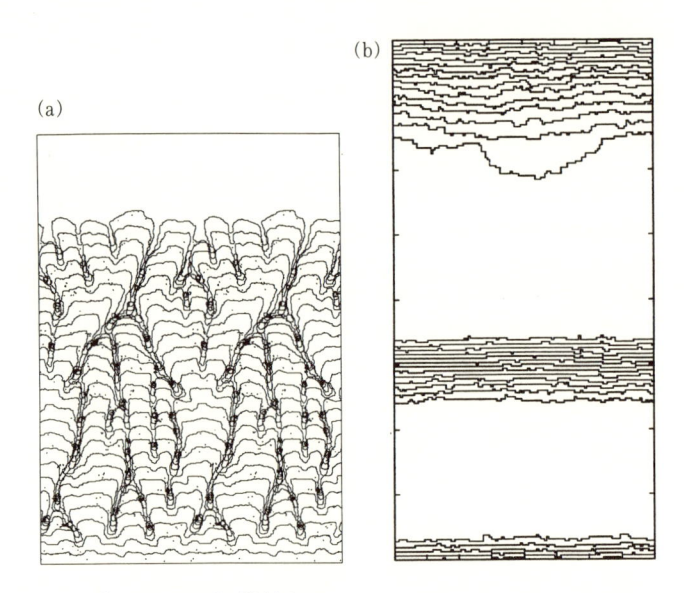

図7.9 (a) 1本のステップの蛇行 (Y.Saito and M.Uwaha: Physical Review B**49** (1994) 10677-10692 より転載)
(b) たくさんのステップの束ね合いのシミュレーション (M.Sato, M.Uwaha and Y.Saito: Physical Review B**62** (2000) 8452-8472 より転載)

まり，平らなテラス上に蒸着した原子が表面拡散をしている間に，ステップで結晶に組み込まれれば，表面は一様に並進していくことができそうである．このような結晶成長の仕方を，**ステップフロー成長**とよぶ．テラス幅があまりに広くて，(7.12)で与えられる結晶核の間隔 l より大きいと，テラスの上に2次元結晶核ができてしまう．ステップフロー成長を実現するためには，l を大きくするように，蒸着速度 F を十分ゆっくりにしてやればよい．または D_s を大きくするように温度を少し上げればよい．

しかしステップフロー中のステップの移動は，吸着原子の表面拡散によって支配されているため，形状不安定性を起こすことがある．その典型的なものが，図7.9である．

1本のステップの蛇行

まずは，1本のステップが前進または後退中にまっすぐでいられなくなるというステップの**蛇行不安定性**（図7.9 (a)）について説明しよう．図は1本のステップが，図の下方の1段高いテラス側から上方の1段低いテラス側に前進しているときの時間変化の様子を，結晶面の上から見たものである．上側の低いテラス表面を拡散してきた吸着原子はステップに触れると，そこにはキンクが十分たくさんあって結晶化する．一方，下方の高いテラス上を拡散してきた原子に対しては，ステップを越えるのが難しいというES効果がある．その極端な場合として，高いテラスとは原子のやり取りをしないという片側モデルをシミュレートした結果が，図7.9 (a)である．そして，この系の蛇行不安定性を模式的に説明するのが，次の図7.10 (a)である．ステップの一部が前進中何かの拍子に出張ると，前方から集中する形で吸着原子を集めやすくなる．すると突出部の前進速度が増すので，ここはますます突き出すことになり，ステップは蛇行してしまう．このようにステップは前進中に不安定となる．この不安定性は§6.1のマリンズ-セケルカ不安定性と本質的には同じものである．

一方，結晶を高温にすると，多くの原子がステップから飛び出して蒸発し

(a) 前進するステップの蛇行不安定性

(b) 後退するステップの安定性

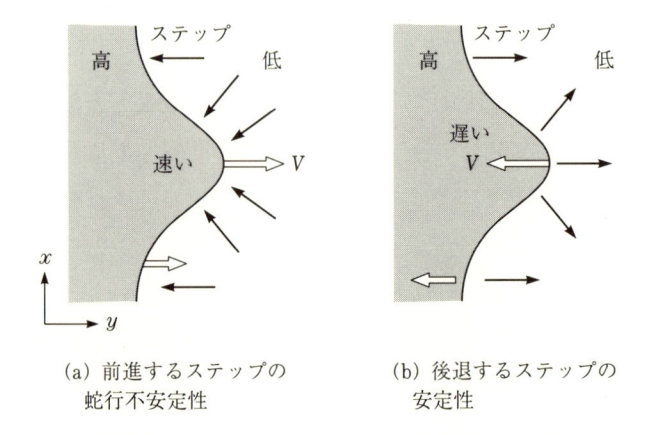

図 7.10 白矢印はステップの速度を，黒矢印は吸着原子の流れを表す．

ていき，昇華が起きる．このときはステップは高いテラスの方へ後退する．ここで図 7.10 (b) のように，一部が遅くなって取り残されると，結果的にはステップが突出する．しかしこのときは突出部は周りに多くの原子を放出しやすくなって速く融けるので，やがてステップはまっすぐにもどっていく．このように昇華中の結晶微斜面上のステップは蛇行せずにまっすぐな状態が安定となる．

ES 効果の向きを変えると，上に述べた蛇行不安定性の様子は逆転する．つまり，高いテラス上の吸着原子の方がステップに組み込まれやすいと，成長中の結晶ステップはまっすぐになる．

ステップ列のバンチング

今度は同じ ES 効果で，微斜面上にあるたくさんのステップの間隔が不均一になってしまうという，**ステップ束ね合い（バンチング）不安定性**について述べよう．図 7.9 (b) はシミュレーションによって，たくさんのステップが束ね合いを起こしているある一時刻の様子を表している．この図からもわかるように，ステップが曲がるということはこの際あまり重要でないので，すべてのステップは直線的だとして，図 7.11 のように y 方向のステッ

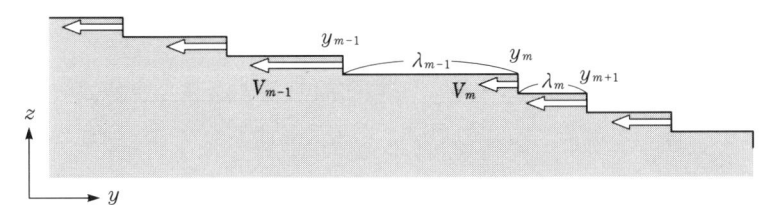

(a) 昇華中はステップは左に進む

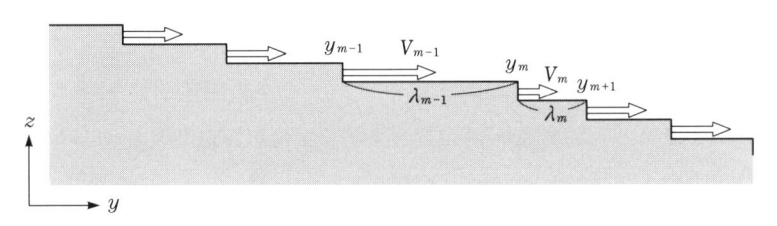

(b) 成長中はステップは右に進む

図 7.11 まっすぐなステップ列の配置

プの位置 y_m だけを問題にする．m 番目のステップと $m+1$ 番目のステップに挟まれたテラスを m 番目のテラスと名づけると，その幅は $\lambda_m = y_{m+1} - y_m$ である．

片側モデルでは吸着原子はステップを越えられない．そこで，m 番目のテラスに蒸着した原子は皆 m 番目のステップ・エッヂに組み込まれる．したがって，m 番目のステップの速度 V_m は下のテラスの幅 λ_m に比例する ($V_m \propto \lambda_m$)．いま，結晶が昇華中であり，ステップ列が後退している，図 7.11 (a) のような状況を考えよう．ゆらぎでステップ m の後退速度が遅くなって取り残されたとすると，下のテラス幅 λ_m は狭くなり，ステップ m は減速される．一方，上のテラス幅 λ_{m-1} は広がるので，ステップ $m-1$ はすばやく後退していく．結局，2 つのステップ m と $m-1$ の間隔はますます広がることになるので，ステップは等間隔でいられなくなる．このように昇華中の結晶微斜面ではステップの束ね合いが起きる．これが進めば，微斜面

は平らで広いテラスの特異面とステップが一杯詰まって急傾斜な面とに分かれてしまう．

　逆に，結晶が成長中はステップが等間隔のまま成長できることが，図7.11 (b) を用いて次のようにして示される．m 番目のステップがゆらぎで速くなると，下のテラス幅 λ_m が狭くなる．するとこのテラスに吸着する原子は少なくなり，それが m 番目ステップに組み込まれるので，V_m は小さくなって，他のステップと同じ前進速度に回復していく．このため，テラス幅は皆均一のまま成長することが可能となる．

　なおここでも ES 効果が逆向きならバンチングの様子が逆転する．つまり，高いテラスからの吸着原子の方がステップに組み込まれやすいなら，結晶が成長中にステップバンチングが起きる．

　ステップがバンチングを起こす機構にはその他さまざまなものが考えられる．昔からよく知られているのが**不純物**によるものである．結晶成長中に降ってくる不純物が結晶の成長を遅らせる類のものだとしよう．いま，ゆらぎであるステップが遅れたとすると，前のステップとの距離が開き，したがってたくさんの不純物と遭遇することになる．するとこのステップはますます遅くなり，このステップ前面のテラス幅が広がっていく．このように悪循環に陥って，ステップのバンチングが発生する．このように，不純物は結晶が成長中にステップ列のバンチングを引き起こす．

　その他にも，半導体シリコンを加熱するために電流を流すことがあるが，これが**直流**だと電流を流す向きによって表面上にステップの蛇行やバンチングが起きることが観測されている．しかも，不安定性の起きる直流電流の向きが温度によって二転三転するという不思議なことが起こっており，その機構についてはいまだわかっていないことが多い．

演習問題

[1] (7.1)の確率分布関数を用いて，M_1 の平均値が $\langle M_1 \rangle = M/2$，$M_1^2$ の平均値が

$$\langle M_1^2 \rangle = \frac{M(M+1)}{4}$$

となることを確かめよ．また，原子の平均2乗変位 $\langle x^2 \rangle$ が

$$\langle x^2 \rangle = \frac{a^2 t}{\tau_s}$$

となることを示せ．

[2] 第4章の演習問題[5]で扱った1次元ステップのゆらぎを考える．キンク形成エネルギーが ε_K として，距離 x 離れた2点でのステップの高さの差の2乗平均 $\langle \{y(x) - y(0)\}^2 \rangle$ がキンクの平均密度 n_K を用いて，

$$\langle \{y(x) - y(0)\}^2 \rangle = n_K a^2 x$$

となることを示せ．ここで，a は原子の大きさである．このようにステップは長くなればなるほどその長さに比例してゆらぎが大きくなるので，いつでも荒れているといわれる．

[3] (1) Si の (1 1 1) 表面に吸着した原子の表面拡散係数は (7.9) のような形をしている．$E_d = 1.1\,\text{eV}$，$D_0 = 6.2 \times 10^{-6}\,\text{m}^2/\text{s}$ であるとして，1000℃ での表面拡散係数 D_s の値を求めよ．なお，$1\,\text{eV} = 1.60 \times 10^{-19}\,\text{J}$，$k_B = 1.38 \times 10^{-23}\,\text{J/K}$ である．

(2) Si 吸着原子の蒸発までの寿命が $\tau = \tau_0 e^{E_a/k_B T}$ の形をしており，$\tau_0 = 5.6 \times 10^{-16}\,\text{s}$，$E_a = 4.16\,\text{eV}$ としたとき，1000℃ で蒸発するまでの寿命 τ を求めよ．また，蒸発するまでに吸着原子の動き回る距離 $\sqrt{\langle r^2 \rangle}$ を求めよ．

[4] 気相から結晶表面に原子が蒸着してくる気相成長で，表面拡散がない場合に表面が時間と共に荒れていくことを確かめよう．原子 N 個分の広さのテラス上に単位時間当り J 個の原子が蒸着し，低温のためその場ですぐ結晶化すると仮

定する．

（1） 非常に短い時間 τ の間に特定の原子位置に蒸着する確率 p を求めよ．蒸着しない確率は $q = 1 - p$ である．

（2） t 時間経過した後，この場所には $M = t/\tau$ 回蒸着できる機会があったが，M_1 回蒸着する確率 $\Pr(M_1)$ を求めよ．

（3） 平均の高さが $\langle M_1 \rangle = Jt/N$ となることを示せ．また，高さの平均値からのゆらぎ $\delta M_1 = M_1 - \langle M_1 \rangle$ の 2 乗平均が $\tau \to 0$ で

$$\langle (\delta M_1)^2 \rangle = \langle M_1 \rangle = \frac{Jt}{N}$$

となることを確かめよ．このように拡散がないと，表面の高さゆらぎは $\sqrt{\langle (\delta M_1)^2 \rangle} = \sqrt{Jt/N}$ のように時間の平方根で増えて，表面は荒れてしまう．

[5] 蒸着と蒸発のあるときの表面拡散の方程式は

$$\frac{\partial c(x,y,t)}{\partial t} = D_s \nabla^2 c(x,y,t) + F - \frac{c(x,y,t)}{\tau}$$

と書かれる．ここで F は蒸着率，τ は蒸発するまでの吸着原子の寿命である．$x = 0$ に y 軸方向にまっすぐなステップがあると，濃度は y 方向には一様になるので，$c(x,y,t) = c(x,t)$ としてよい．またステップの前後で吸着原子濃度は平衡濃度 c_{eq} になっていて，さらに定常近似 $\partial c(x,y,t)/\partial t = 0$ も成り立つとする．このとき，濃度分布 $c(x)$ を求め，ステップ前後で濃度変化の起きている範囲が $x_s = \sqrt{D_s \tau}$ であることを示せ．この x_s を**表面拡散長**とよぶ．これは (7.10) と比較すると，蒸発までの寿命 τ の間に吸着原子が拡散運動で表面上を動き回る範囲にほぼ対応している．

[6] マウンド形成の不安定性は，拡散による流れ J が微斜面の傾き $\rho = dz/dx$ に比例し，坂を上る方を向いているときに起きる（$J = K\rho$）．これを数学的に確かめるために，高さ $z(x,t)$ の時間変化を調べる．ある点の高さの変化速度は，前後からの流れの勾配によるという連続の式

$$\frac{\partial z(x,t)}{\partial t} + \frac{\partial J(x,t)}{\partial x} = 0$$

に従う．このとき不安定性が起きることを示せ．

ステップ・バンチングと交通渋滞

ステップ・バンチングは交通渋滞の問題と非常に似たところがある．追い越し車線のない道路上で遅い車がいると，そこで車が溜まり，前はガラガラ後ろはギュウギュウというバンチングが起きるという経験をされた人も多いであろう．また，不純物によるバンチングは皆さんも電車やバスの駅で経験しているはずである．なかなか来ない満員電車の後からすぐに空いた電車がやってくるというのがそれに当り，古くは寺田寅彦が記している．このとき移動しているステップに対応するのが電車であり，我々乗客は不純物である．

問・演習問題解答

第 1 章

[**問 1**] (1.2) の微小変化を考え，(1.3) を代入すれば
$$dG = dE + d(PV) - d(TS)$$
$$= (T\,dS - P\,dV + \mu\,dN) + P\,dV + V\,dP - T\,dS - S\,dT$$
$$= -S\,dT + V\,dP + \mu\,dN$$
となる．これは (1.4) である．また，(1.5) は偏微分の定義から導ける．

[**問 2**] (1.6) を λ で微分して，
$$G(T, P, N) = \frac{\partial G(T, P, \lambda N)}{\partial \lambda N}\frac{d(\lambda N)}{d\lambda}$$
となるが，右辺は微分した後 $\lambda = 1$ とおけば，$N\,\partial G(T, P, N)/\partial N$ となり，化学ポテンシャルの定義 (1.5) を用いれば，$G = \mu N$ を得る．

また $G = \mu N$ を微分すれば $dG = N\,d\mu + \mu\,dN$ となり，(1.4) と比較すればギブス - デューエムの関係式 (1.8) を得る．

[**問 3**] $\mu_S(T, P) = h_S(T, P) - T s_S(T, P)$, $\mu_L(T, P) = h_L(T, P) - T s_L(T, P)$ であり，また融点温度 T_M では $\mu_S(T_M, P) = \mu_L(T_M, P)$ なので，(1.16) を得る．

[**1**] (1.3) を書き直して，エントロピーの微小変化に対する式を求めると，$dS_G = dE_G/T + P\,dV/T = Nc_V\,dT/T + Nk_B\,dV/V$ となる．これを積分すると，理想気体のエントロピーは $S_G(T, V) = Nc_V \ln T + Nk_B \ln V + 定数$ となる．温度 T_0, 体積 V_0 のときのエントロピーを $S(T_0, V_0)$ とすれば積分定数が定まり，問題中の式を得る．化学ポテンシャルは (1.2), (1.7) より，$\mu_G = (E_G + PV - TS_G)/N = (c_V + k_B)T - c_V T \ln T - k_B T \ln V + 定数$ と求められる．また，状態方程式 $PV = Nk_B T$ を用いれば，圧力が P_0 のときを基準にした化学ポテンシャルは $\mu_G(T, P) = k_B T \ln(P/P_0) + \mu_G(T, P_0)$ と書ける．

[**2**] (1) 温度を T, 圧力を P としたとき，$PV_A = N_A k_B T$, $PV_B = N_B k_B T$ が成り立つので，密度は $N_A/V_A = P/k_B T = N_B/V_B$ と等しくなる．

(2) 混ぜた後の体積は V, 混ぜる前は A 分子，B 分子それぞれ V_A, V_B だったので，エントロピーの増加は $S_{\text{mix}} = N_A k_B \ln(V/V_A) + N_B k_B \ln(V/V_B)$ となる．$N_A/(N_A + N_B) = V_A/(V_A + V_B)$ などが成り立つので，与式を得る．

（3） 混合によるギブスの自由エネルギーの変化は $G_{\mathrm{mix}} = -TS_{\mathrm{mix}}$ である．これを化学ポテンシャルの定義に従って $N_{\mathrm{B}} =$ 一定 の条件の下で N_{A} で偏微分すれば，A 原子の化学ポテンシャルに対する混合の効果として，結果 $\mu_{\mathrm{A,mix}} = k_{\mathrm{B}} T \ln C$ を得る．

[3] 共存線上のわずかに離れた 2 つの点 (T, P), $(T + dT, P + dP)$ のどちらでも，液相と固相が共存していて (1.14) のように化学ポテンシャルが等しいので，
$$\mu_{\mathrm{L}}(T + dT, P + dP) = \mu_{\mathrm{S}}(T + dT, P + dP), \qquad \mu_{\mathrm{L}}(T, P) = \mu_{\mathrm{S}}(T, P)$$
が成り立つ．dT, dP が小さいとして，第 1 式を展開し第 2 式を用いると，
$$\frac{\partial \mu_{\mathrm{L}}}{\partial T} dT + \frac{\partial \mu_{\mathrm{L}}}{\partial P} dP = \frac{\partial \mu_{\mathrm{S}}}{\partial T} dT + \frac{\partial \mu_{\mathrm{S}}}{\partial P} dP$$
となる．ここで偏微分は (1.9), (1.10) を使って書き直せて，$(v_{\mathrm{L}} - v_{\mathrm{S}}) dP = (s_{\mathrm{L}} - s_{\mathrm{S}}) dT$ となり，整理すれば，$dP/dT = \Delta s/\Delta v = \Delta h/T_{\mathrm{M}} \Delta v$ を得る．

水の比体積 v_{L} は水分子の質量 $m_{\mathrm{H_2O}}/N_{\mathrm{A}}$ [g] を密度 $\rho_\text{水}$ で割ったものであり，$v_{\mathrm{L}} = m_{\mathrm{H_2O}}/(N_{\mathrm{A}} \rho_\text{水})$ と書ける．氷の比体積も同様にして，$v_{\mathrm{S}} = m_{\mathrm{H_2O}}/(N_{\mathrm{A}} \rho_\text{氷})$ となる．そこで，水の凝固線の傾きは，
$$\frac{dP}{dT} = \frac{N_{\mathrm{A}} \Delta h}{m_{\mathrm{H_2O}} T_{\mathrm{M}}} \frac{1}{\rho_\text{水}^{-1} - \rho_\text{氷}^{-1}} = \frac{6.01 \times 10^3}{18 \times 273} \frac{1}{1.000 - \dfrac{1.000}{0.917}} \times 10^6 \,\mathrm{Pa/K}$$
$$= -1.35 \times 10^7 \,\mathrm{Pa/K} = -133 \,\text{気圧/K}$$
となる．ここで，1 気圧が 101325 Pa であることを用いた．一方，蒸発曲線の傾きも同様にして，
$$\frac{dP_V}{dT} = \frac{N_{\mathrm{A}} \Delta h}{m_{\mathrm{H_2O}} T_V} \frac{1}{\rho_\text{水蒸気}^{-1} - \rho_\text{水}^{-1}} = \frac{40.66 \times 10^3}{18 \times 373} \frac{1}{\dfrac{10^3}{0.598} - \dfrac{1.000}{0.958}} \times 10^6 \,\mathrm{Pa/K}$$
$$= 3.62 \times 10^3 \,\mathrm{Pa/K} = 3.57 \times 10^{-2} \,\text{気圧/K}$$
と計算される．このように，蒸発曲線と凝固線の傾きはほぼ 10000 倍異なっており，図 1.7 のように蒸発曲線は状態図上で横に寝ているが，凝固線はほとんど垂直に立っている．

なお，普通は結晶の方の密度 $1/v_{\mathrm{S}}$ が液体より高く，Δv が正であり，固液共存線は P‒T 相図中で正の傾きをもっている．しかし，水とかシリコンなどの強い方向性をもつ共有結合の場合は，結晶の方が密度が低く，したがって比体積は大きい．そのため比体積のとびは負となり，固液共存線の傾きも負となる．

[4] （1） 100°C では水と水蒸気の平衡圧力が 1 気圧であるため，蒸発する水蒸気が大気中の酸素，窒素などを水面近くから追い出し，缶の中には水蒸気しか残らない．この状態で栓を閉じて冷やすと，酸素や窒素は缶の中になく，水と水蒸

気の共存線（蒸発曲線）に沿って圧力も下がる．20°C では缶内はほぼ 0.2 気圧になってしまうので，大気圧に耐えられなくなった缶がつぶれる．ちなみに，1 気圧は大体 1 cm² の表面に 1 kg のおもりを置いたときにかかる圧力に相当する．したがって，足の幅 10 cm，長さ 25 cm，体重 50 kg の人が立ったときに，両足の下にかかる余分の圧力は 0.1 気圧程度である．

（2）1 気圧 0°C 以下で水は氷になるが，1 気圧というのは酸素，窒素などが主成分の大気の圧力である．そこで大気に接している氷からは，固体 - 気体共存線（昇華曲線）の水蒸気分圧が達成されるまで水蒸気が蒸発していく．つまり，大気中には水蒸気が存在する．

[5]（1）$\Delta V = 0$, $T_e = T = $ 一定 なので，自然に起きる変化では $\Delta F = \Delta(E - TS) \leqq 0$ となり，F は必ず一定か減る．

（2）$T_e = T = $ 一定，$P_e = P = $ 一定 なので，自然に起きる変化では $\Delta G = \Delta(E - TS + PV) \leqq 0$ となり，G は必ず一定か減る．

第 2 章

[1] 毛細管の外で，液面には大気圧 $P_大$ がかかっている．一方，同じ高さの毛細管の中心での圧力 P は，大気圧の他に液相の面積当りの重力 $\rho g h$ と表面張力 $2\gamma/R$ が加わっている（$P = P_大 + \rho g h + 2\gamma/R$）．ここで，気液界面の曲率 R は図 2.13 の状態では負であり，また管の半径と $r = -R\cos\theta$ のように幾何学的に関係している．パスカルの定理より，同じ深さでの圧力は等しい $P = P_大$ から，与式を得る．

[2]（1）$z = 12$

（2）(0 0 1) 表面で 1 つの原子当り 4 本の結合が切れており，斜線の面積当り 2 個の原子がいるので，$\gamma_0 = (4J/2)/(a^2/2) = 4J/a^2$ となる．

[3] 結晶の格子点には原子がいるか，いないかのどちらかである．いる確率を n_a，いない（空孔の）確率を $n_v = 1 - n_a$ とすれば，エネルギーの差より $n_v/n_a = e^{-\varepsilon/k_B T}$ となる．そこで，$n_v = e^{-\varepsilon/k_B T}/(1 + e^{-\varepsilon/k_B T}) \approx e^{-\varepsilon/k_B T}$ となる．

[4]（1）過冷却度は $\Delta T = 37$ K．したがって，体積当りの化学ポテンシャルは，(1.18) より $\Delta\mu/v_S = \Delta h \Delta T/v_S T_M = 4.51 \times 10^7$ J/m³ である．

（2）臨界核半径は (2.9) より，$R_c = 2\gamma v_S/\Delta\mu = 1.46 \times 10^{-9}$ m，核形成の自由エネルギーは (2.10) より $\Delta F_c = 16\pi v_S^2 \gamma^3/3\Delta\mu^2 = 2.96 \times 10^{-19}$ J となる．

（3）凝固温度 $T = 236.15$ K はエネルギーに換算して $k_B T = 3.26 \times 10^{-21}$ J である．したがって，核形成頻度は (2.12) より $J_n = J_0 \exp(-\Delta F_c/k_B T) =$

$10^{54} e^{-90.8} = 3.7 \times 10^{14} \, \mathrm{m^{-3} \cdot s^{-1}}$ となる．これは $1\,\mathrm{cm}^3$ の水の中に毎秒約 4 億個の結晶核ができることに対応するので，非常に頻度が高いといえるが，水分子の数 $\sim 10^{22}$ 個から見れば少ないともいえる．$-20°\mathrm{C}$ のときの核形成頻度はどれだけになるか見積もってみよ．

[5] γ プロットを描くと，$(\gamma_0/\sqrt{2}, \gamma_0/\sqrt{2})$ を中心として半径 $\gamma_0/\sqrt{2}$ の円の第 1 象限内の部分を図のように x 軸，y 軸に関して折り返したものになる．第 1 象限で原点 O と対角線上の点 P を結ぶと直径であり，γ プロット上の任意の点 H と原点 O を結ぶ線の垂線を引けば，それは必ず点 P を通る．したがって，平衡形は図のように，点 P とそれを折り返した点 P_1, P_2, P_3 を結ぶ正方形となる．

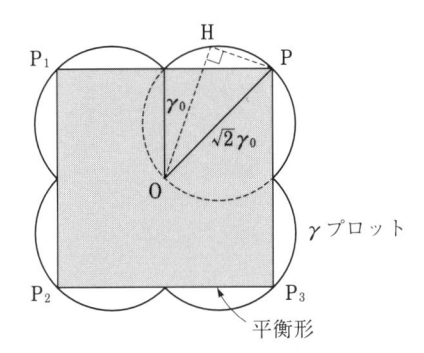

演習問題 [5] の γ プロットと正方形の結晶平衡形

[6] (1) $h_i = \boldsymbol{n} \cdot \boldsymbol{r}$ であることを用いれば，直ちに与式が出る．
(2) 前問 (1) の表式を角度微分して
$$\frac{1}{\lambda}\frac{d\gamma}{d\theta} = \frac{dx}{ds}\frac{ds}{d\theta}\sin\theta + \frac{dy}{ds}\frac{ds}{d\theta}\cos\theta + x\cos\theta - y\sin\theta$$
$$= x\cos\theta - y\sin\theta$$
これと前問 (1) の式を与式の右辺に代入すれば，x, y が導かれる．
(3) 上の式をもう 1 回角度微分して
$$\frac{1}{\lambda}\frac{d^2\gamma}{d\theta^2} = \frac{dx}{ds}\frac{ds}{d\theta}\cos\theta - \frac{dy}{ds}\frac{ds}{d\theta}\sin\theta - x\sin\theta - y\cos\theta$$
$$= \frac{ds}{d\theta}(\cos^2\theta + \sin^2\theta) - \frac{\gamma}{\lambda} = R - \frac{\gamma}{\lambda}$$
より，直ちにヘリングの関係式を得る．

[7] (2.22) より，界面スティフネスは $\tilde{\gamma}(\theta) = \gamma_0(1 + 15\varepsilon\cos 4\theta)$ となる．ε が正だとすれば，界面自由エネルギーの小さい方向 ($\theta = 0, \pi/2, \pi, 3\pi/2$) ではスティフネスが最大となり，逆に自由エネルギーの大きい方向 ($\theta = \pi/4, 3\pi/4, 5\pi/4,$

$7\pi/4$) ではスティフネスが最小となる．これは，自由エネルギーの大きい方向では界面を平らにもどそうとする復元力が小さいことを示している．

平衡形は前問より
$$\lambda x = \sin\theta + \varepsilon(\cos 4\theta \sin\theta - 4\sin 4\theta \cos\theta)$$
$$\lambda y = \cos\theta + \varepsilon(\cos 4\theta \cos\theta + 4\sin 4\theta \sin\theta)$$
とパラメーター表示される．これを描けば，図の実線のようになる．これは，復元力の弱い対角方向に結晶が少し尖っている．なお，外側の点線は γ プロットである．

$\gamma = \gamma_0(1 - 0.05\cos\theta)$ に対する
γ プロット（点線）と平衡形（実線）

[8] (2.15) 中の γ_i に (2.19) を代入し，体積の表式 (2.14) を用いれば与式を得る．(2.32) は不均一核形成のときにも成り立つことがすぐわかる．いずれにせよ，一番小さい核ができやすい．

[9] （1） 直方体の体積は $L_xL_yL_z$, x 方向を向いた 2 枚の面の面積がそれぞれ $A_x = L_yL_z$ であること等を使うと，均一核形成の自由エネルギーは
$$\Delta F^{\text{homo}} = -\Delta\mu \frac{L_xL_yL_z}{v_\text{S}} + 2\gamma_x L_yL_z + 2\gamma_y L_zL_x + 2\gamma_z L_xL_y$$
なので，これを最小にするように L_x, L_y, L_z で微分してそれぞれゼロとおく．すると，
$$\frac{\gamma_x}{L_x} = \frac{\gamma_y}{L_y} = \frac{\gamma_z}{L_z} = \frac{\Delta\mu}{4v_\text{S}}$$
で，界面自由エネルギーの大きさに比例した辺の長さになる．いまの場合，ウルフ点は対称性から直方体の重心にあることは明らかなので，各辺の長さはウルフ点から各面までの垂線の長さの 2 倍になり，上の結果は (2.19) と一致している．

また各面の広さは $A_x = L_y L_z, A_y = L_z L_x, A_z = L_x L_y$ であり，界面自由エネルギーの小さな面ほど広くなっている．体積は $V_S = 64\gamma_x\gamma_y\gamma_z v_S^3/(\Delta\mu)^3$ なので，自由エネルギーは極値

$$\Delta F^{\text{homo}} = \frac{\Delta\mu}{2}\frac{V_S}{v_S} = \frac{32\gamma_x\gamma_y\gamma_z v_S^2}{(\Delta\mu)^2}$$

となる．

（2） たとえば，z 軸に垂直な面が壁面に接触して核形成したときの自由エネルギーの増加 ΔF_z を調べる．直方体の核の辺の長さを，それぞれ L'_x, L'_y, L'_z とすると，

$$\Delta F_z = -\Delta\mu\frac{L'_x L'_y L'_z}{v_S} + 2\gamma_x L'_y L'_z + 2\gamma_y L'_z L'_x + (\gamma_z + \gamma_{\text{WS}} - \gamma_{\text{WL}})L'_x L'_y$$

となる．ここで，上の z 面は液相に接触しているので界面エネルギーは γ_z であり，壁との接触面は界面エネルギーの変化 $\gamma_{\text{WS}} - \gamma_{\text{WL}}$ をもっていることを用いた．この式を各辺の長さについて微分し極値を求めると，

$$\frac{\gamma_x}{L'_x} = \frac{\gamma_y}{L'_y} = \frac{\gamma_z + \gamma_{\text{WS}} - \gamma_{\text{WL}}}{2L'_z} = \frac{\Delta\mu}{4v_S}$$

となる．x, y 方向の辺の長さは均一核形成のときと同じである．z 方向の長さが意味をもつためには正でなければいけないので，$\gamma_z + \gamma_{\text{WS}} - \gamma_{\text{WL}} > 0$ である．また，L'_z は均一核形成のときの値 L_z より短くなければ壁面に付かないほうがよいので，$\gamma_z > \gamma_{\text{WS}} - \gamma_{\text{WL}}$ でなければいけない．これは部分濡れの条件と同じである．このとき核の体積は

$$V_S = \frac{32\gamma_x\gamma_y(\gamma_z + \gamma_{\text{WS}} - \gamma_{\text{WL}})v_S^3}{(\Delta\mu)^3}$$

となるので，自由エネルギーは極値

$$\Delta F_z = \frac{\Delta\mu}{2}\frac{V_S}{v_S} = \frac{16\gamma_x\gamma_y(\gamma_z + \gamma_{\text{WS}} - \gamma_{\text{WL}})v_S^2}{(\Delta\mu)^2}$$
$$= \frac{1}{2}\Delta F^{\text{homo}}\left(1 + \frac{\gamma_{\text{WS}} - \gamma_{\text{WL}}}{\gamma_z}\right)$$

となる．壁と接触する面が x 軸に垂直な面，または y 軸に垂直な面の場合に対しても，似たような自由エネルギー障壁の表式が得られる．$\gamma_{\text{WS}} > \gamma_{\text{WL}}$ のときには，一番大きな γ をもつ面が壁に接触していると自由エネルギー障壁が最も低い．つまり，均一核では一番小さくなる面が壁に接触する．一方，$\gamma_{\text{WS}} < \gamma_{\text{WL}}$ のときには，一番小さな γ をもつ面が壁に接触していると自由エネルギー障壁が最も低い．つまり，均一核では一番広くなる面が壁に接触する．

第 3 章

[**問1**]　ガウスの積分公式
$$\int_{-\infty}^{\infty} dx\, e^{-x^2/2\sigma} = \sqrt{2\pi\sigma}$$
を用いると，v_x, v_y の積分は簡単に実行できて，v_z の積分が残る．$-v_z = z$ とおくと
$$F(P) = n_G \sqrt{\frac{m}{2\pi k_B T}} \int_0^{\infty} dz\, z \exp\left(-\frac{mz^2}{2k_B T}\right)$$
となる．さらに，$z^2 = t$ と変数変換すると $dt = 2z\, dz$ なので，
$$F(P) = \frac{n_G}{2} \sqrt{\frac{m}{2\pi k_B T}} \int_0^{\infty} dt \exp\left(-\frac{mt}{2k_B T}\right)$$
$$= \frac{n_G}{2} \sqrt{\frac{m}{2\pi k_B T}} \frac{2k_B T}{m}$$
$$= \frac{P}{\sqrt{2\pi m k_B T}}$$
を得る．ただし，最後の等式で $n_G = P/k_B T$ という理想気体の状態方程式を用いた．

[**1**]　各表面までの距離が変化することによる自由エネルギーの変化は，
$$\frac{d\Delta F}{dt} = \sum_i \frac{\partial \Delta F}{\partial h_i} \frac{\partial h_i}{\partial t}$$
と書かれる．ここに，(3.14) を代入して
$$\frac{d\Delta F}{dt} = -\sum_i \frac{K_i v_s}{k_B T A_i} \left(\frac{\partial \Delta F}{\partial h_i}\right)^2 \leq 0$$
のようになり，自由エネルギー ΔF は一定か減ることはあっても，増えることはない．

[**2**]　図を参照．{11}面が中心から成長してきた距離を基準の長さ1とすると，この時間内に{10}面は r だけ成長している．

　(a)　$r < 1/\sqrt{2}$ の場合は{10}面でできる四角形が{11}面の四角形の中にあり，中心に近いので前者が実現する．

　(c)　$r > \sqrt{2}$ の場合は{10}面の作る四角形は完全に{11}面の四角形の外にあり，後者が実現する．

　(b)　その間の場合は2つの四角形が交差して入れ子になっているので，中心に近い辺を結んでできる八角形が実現する．

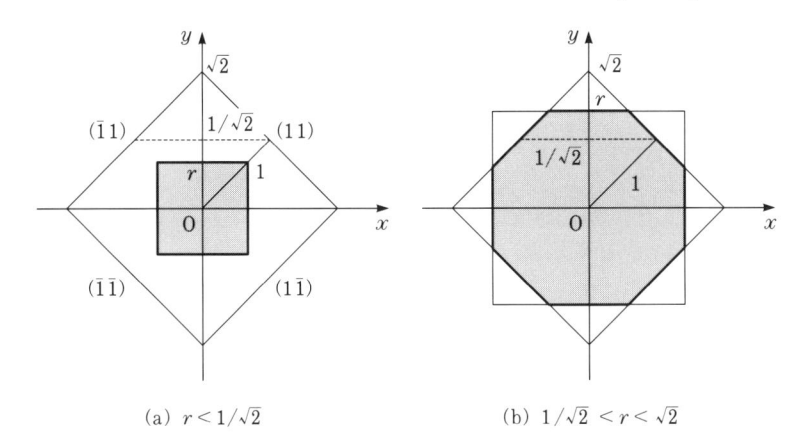

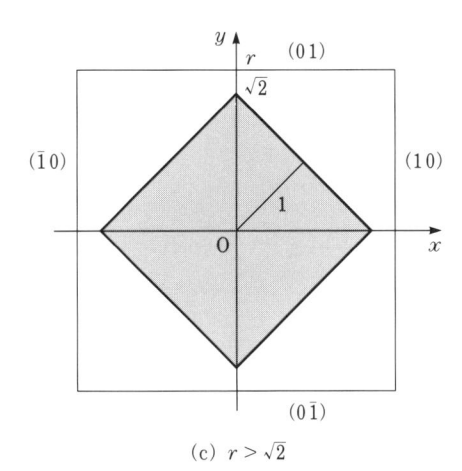

(a) $r < 1/\sqrt{2}$

(b) $1/\sqrt{2} < r < \sqrt{2}$

(c) $r > \sqrt{2}$

2次元結晶の成長形

[3] 等方的界面自由エネルギーのときは $\tilde{\gamma} = \gamma$ であり，また結晶が半径 R の球形なので $R_1 = R_2 = R$ であることを (3.16) に代入すると，$V = K(\Delta\mu - 2v_s\gamma/R)/k_\text{B}T$ となる．ここに (1.18) を代入すれば，与式を得る．なお，半径の増加速度 $V = \dot{R}$ と半径の関係は図のようであり，初期半径 R_0 が臨界半径 R_c より小さいと ($R <$

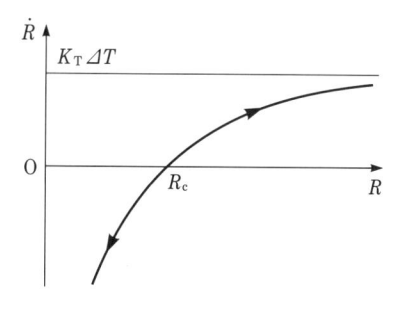

半径増加速度 $\dot{R}$ と半径 R の関係

R_c, $\dot{R} < 0$ なので球はどんどん小さくなってつぶれてしまう．逆に初期半径が R_c より大きいと，半径の増加速度は一定値 $K_T \Delta T/T_M$ に近づく．

[4] （1） 成長速度が V なので，到達時刻は $t_1 = t_0 + R/V$．この t_1 が t と $t + dt$ の間にあるためには，OP 間の距離 R は $V(t - t_0) < R < V(t - t_0) + V dt$ の間になければならない．したがって，この領域の体積は，半径 $V(t - t_0)$，厚み $V dt$ の球殻の体積 $4\pi V^3(t - t_0)^2 dt$ となる．

（2） 単位時間内に単位体積当りに発生する結晶核の数が頻度 J_n なので，dt_0 時間内に球殻内に発生する核の数は $J_n dt_0 \cdot 4\pi V^3(t - t_0)^2 dt$ となる．

（3） 時間 t_0 について時刻 0 から t まで積分して，$dN = (4\pi/3)J_n V^3 t^3 dt$ を得る．

（4） 与えられた式を代入すれば
$$\frac{d\Theta}{\Theta} = -dN = -\frac{4\pi}{3} J_n V^3 t^3 dt$$
と書ける．両辺を積分して，$\ln \Theta = -\pi J_n V^3 t^4/3 + C$ となる．ここで C は積分定数である．初期時刻 $t = 0$ には全然結晶がいなかったので，$\Theta(t = 0) = 1$ という初期条件を考慮すると，積分定数は $C = 0$ と決まる．それで $\Theta(t) = \exp(-\pi J_n V^3 t^4/3)$ となる．したがって，3 次元核形成による結晶化の割合は
$$P(t) = 1 - \exp(-\pi J_n V^3 t^4/3)$$
のように増えていく．

第 4 章

[1] （1） 最近接格子点の数は $z_1 = 12$ なので，$\Delta h = 6J_1$ となる．
（2） 第 2 近接格子点の数は $z_2 = 6$ なので，$\Delta h = 6J_1 + 3J_2$ となる．

[2] 吸着原子は下地の原子と結合を 1 つ作っているので，それを切るには $\varepsilon_a = J$ のエネルギーが要る．1 本の結合を切ると 2 つの原子が分担しているので，切れた結合のもつエネルギーは $\varepsilon = J/2$ である．

[3] 図に示されているように，[100] 方向に長さ L で傾き ϕ のステップがあると，このステップの縦 [011] 方向の長さは $L|\tan \phi|$ であり，ステップに沿う長さは $L/|\cos \phi|$ である．このステップは縦の [011] 方向の結合を L/a 本切り，横の [100] 方向の結合を $L|\tan \phi|/\sqrt{2}a$ 本切るので，全エネルギーは $(J_{[011]}/2) \cdot (L/a) + (J_{[100]}/2) \cdot (L|\tan \phi|/\sqrt{2}a)$ となる．このエネルギーをステップの長さ $L/|\cos \phi|$ で割れば，与式を得る．

[4] 第 1 近接相互作用がステップで切れることによるエネルギーの寄与は，前問

や§4.4の例題中の (4.10) と同じように考えて，$(J/2a)(|\cos\phi| + |\sin\phi|)$ を得る．第2近接相互作用からの寄与を考えるために，格子定数 a の正方格子上に第2近接格子点を結ぶ線を描くと，格子間隔が $\sqrt{2}a/2 = a/\sqrt{2}$ で，元の正方格子を $\pi/4$ 回転した正方格子ができる．したがって，第2近接相互作用によるステップ自由エネルギーは前の式で $J \to J_2, a \to a/\sqrt{2}, \phi \to \phi - \pi/4$ とおきかえたもの $(J_2/\sqrt{2}a)(|\cos(\phi - \pi/4)| + |\sin(\phi - \pi/4)|)$ になる．両者を合せて，与式を得る．

[5]（1） 結晶化の割合が Ψ であるので，結晶原子は界面層に $N\Psi$ 個いる．この原子から出ている結合手の数は $z_s N\Psi$，そのうち $1 - \Psi$ の割合で手が切れている．そこで，切れた結合の数は $z_s N\Psi(1 - \Psi)$ となる．

（2） 切れた結合1本が $J/2$ のエネルギーをもつので，全体では $E = (J/2)z_s N\Psi(1 - \Psi)$ のエネルギー上昇となる．

（3） N 個の可能な格子点のうち $N\Psi$ 個を原子が占め，残りが空である場合の数は
$$W = \frac{N!}{(N\Psi)!\,[N(1 - \Psi)]!}$$

（4） スターリングの公式を用いて，
$$S = k_B \ln W \approx -Nk_B[\Psi \ln \Psi + (1 - \Psi)\ln(1 - \Psi)]$$

（5） 自由エネルギーは
$$\frac{F}{N} = \frac{Jz_s}{2}\Psi(1 - \Psi) + k_B T[\Psi \ln \Psi + (1 - \Psi)\ln(1 - \Psi)]$$
となり，図のように振舞う．各温度で F を一番小さくする Ψ は
$$\frac{1}{N}\frac{\partial F}{\partial \Psi} = Jz_s\left(\frac{1}{2} - \Psi\right) + k_B T \ln \frac{\Psi}{1 - \Psi} = 0$$
より定まる．低温では F/N は2つの最小と1つの極大をもち，高温では $\Psi =$

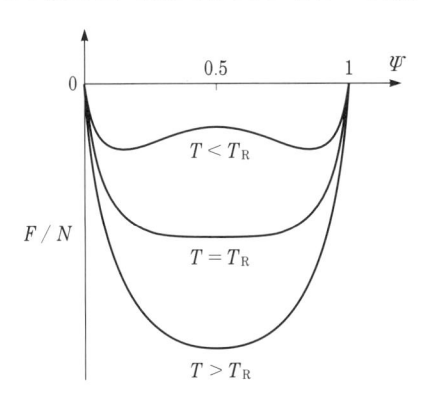

さまざまな温度 T で，結晶化度 Ψ の関数としての表面自由エネルギー F．

1/2のところに1つ最小をもっている. そこで, 自由エネルギーの式を Ψ の 1/2 からのずれ $m = \Psi - 1/2$ の 2 次まで展開すると, $F/N = Jz_s/8 - k_B T \ln 2 - 2(Jz_s/4 - k_B T)m^2 + \cdots$ となる. $T_R = z_s J/4k_B$ より高温では m^2 の項の係数が正となるので, $m = 0$ は自由エネルギーの極小点であることがわかる. 一方, $T < T_R$ では m^2 の係数が負となるため, $m = 0$ は自由エネルギーの極大点に対応し, $m \neq 0$ の解が出現することがわかる.

[6] (1) 長さ L のステップは L/a の原子サイトに対応しているので, $+$ と $-$ のキンクがそれぞれ N_K 個ずつあると

$$E = \frac{L}{a}\varepsilon_0 + 2N_K \varepsilon_K$$

$$S = k_B \left[\ln\left(\frac{L}{a}\right)! - \ln\left(\frac{L}{a} - 2N_K\right)! - 2\ln N_K!\right]$$

$$\approx k_B \left[\frac{L}{a}\ln\frac{L}{a} - \left(\frac{L}{a} - 2N_K\right)\ln\left(\frac{L}{a} - 2N_K\right) - 2N_K \ln N_K\right]$$

となる.

(2)
$$\frac{\partial(E - TS)}{\partial N_K} = 2\varepsilon_K - 2k_B T \ln\frac{\frac{L}{a} - 2N_K}{N_K} = 0$$

を解いて, $2N_K = 2(L/a)/(e^{\varepsilon_K/k_B T} + 2)$ と求まる. キンクの平均密度 $n_K = 2N_K/L = 2a^{-1}/(2 + e^{\varepsilon_K/k_B T})$ は温度を上げると 0 から $2/3a$ へ滑らかに変化し, 何の特異性も示さない. つまり, ステップは有限温度で必ず荒れていて, 相転移は示さない.

(3) ステップがまっすぐである確率を $\Pr(0)$, $\pm$ のキンクのできる確率を $\Pr(\pm)$ とすると, $\Pr(0) + \Pr(+) + \Pr(-) = 1$ である. また (2.11) より $\Pr(+)/\Pr(0) = \Pr(-)/\Pr(0) = e^{-\varepsilon_K/k_B T}$ なので, 全キンク密度は $2N_K/(L/a) = \Pr(+) + \Pr(-) = 2e^{-\varepsilon_K/k_B T}/(1 + 2e^{-\varepsilon_K/k_B T})$ となる. これは (2) の結果と一致する.

(4) (2), (3) で求めたキンク密度を $\beta = (E - TS)/L$ に代入すれば, 簡単な計算の後, 与式を得る. ステップが平均として角度 ϕ 傾いているときにも同様な計算ができ, ϕ が小さいときに $\beta(\phi) = \beta(0) + \beta_2 \tan^2 \phi + \cdots$ と展開できることが示される.

(5) 面の傾き θ が大きくなるとステップ間隔 λ は縮まる. したがって, 微斜面上のステップ形成エネルギー ε_0 が大きくなるので, ラフニング温度 T_R は高くなると予想される. 逆に, ステップ間隔が広くなるとステップが自由にゆらぎだすので, 界面は低温から荒れだし, ラフニング温度は下がる. ただし, これらはテラス面が荒れていないとしたときの話であり, すべて特異面のラフニング

転移温度より低温での話である．

また，ステップ間に相互作用がなければ，有限温度では微斜面は必ず荒れてしまう．

[7] S_A ステップにキンクを入れるにはステップを曲げなければならないが，そこには長さ $2a$ の S_B ステップが出現する．したがって，S_A ステップへキンクを作るのに必要なキンク形成エネルギー ε_{K_A} は，実は S_B ステップの形成エネルギーに比例していて，$\varepsilon_{K_A} = \varepsilon_{S_B} \times 2a$ である．したがって，正方格子の単位長さ $2a$ 当りのキンク密度は，前問 [6] より $2an_{K_A} = 2/[2 + \exp(\varepsilon_{K_A}/k_B T)] = 0.058$ と計算される．一方，S_B ステップの中にできるキンクの形成エネルギーは $\varepsilon_{K_B} = \varepsilon_{S_A} \times 2a$ であり，密度は $2an_{K_B} = 2/[2 + \exp(\varepsilon_{K_B}/k_B T)] = 0.404$ となる．両者を比較すると，S_B ステップの方に S_A ステップより 8 倍近くキンクが入っており，S_B ステップが乱れていると結論される．

[8] (4.17) と $\gamma'(\theta) = -\gamma_0 \sin\theta + (\beta/a)\cos\theta + (A/a^3)\tan^2\theta\,(\cos\theta + 2/\cos\theta)$ を (2.31) に代入して，

$$\lambda x = \frac{\beta}{a} + \frac{3A}{a^2}\tan^2\theta$$

$$\lambda y = \gamma_0 - \frac{2A}{a^2}\tan^3\theta$$

となる．$\tan\theta$ を消去すると，(4.18) を得る．

[9] (1) 界面を作るには基板と吸着層の表面を出さなければならないので，$\gamma_S + \gamma_A$ のエネルギーが必要だが，界面を接触させると結合当り $-J_{SA}$ のエネルギーの下がりがあるので，合せて与式を得る．

(2) $J_{SA} = 0$ では $\gamma_{SA} - \gamma_S = \gamma_A$ となり，h_S は基板のないときの均一核の高さ h_A と同じになる．一方，$J_{SA} \geq J_{AA}$ では $\gamma_{SA} - \gamma_S \leq -\gamma_A$ となり，$h_S \leq -h_A$ となって，基板からの吸着層の高さ $h_A + h_S$ はゼロまたは負となる．これは基板が吸着層を強く引き付けるので，吸着層が基板を完全に濡らすことに対応している．

[10] 格子定数を a とする．$0 \leq \phi \leq \pi/4$ のとき，[0 1] 方向でのキンク間の距離は $l = a/\tan\phi$ である．したがって，傾いた面の単位長さ当りでは $n_K = \cos\phi/l = a^{-1}\sin\phi$ となる．面の傾きが $\pi/4$ を超えると，キンクの意味合いが変るので，

$$an_K = \begin{cases} |\sin\phi| & \left(0 \leq \phi \leq \frac{1}{4}\pi,\ \frac{3}{4}\pi \leq \phi \leq \frac{5}{4}\pi,\ \frac{7}{4}\pi \leq \phi \leq 2\pi\right) \\ |\cos\phi| & \left(\frac{1}{4}\pi \leq \phi \leq \frac{3}{4}\pi,\ \frac{5}{4}\pi \leq \phi \leq \frac{7}{4}\pi\right) \end{cases}$$

となる．つまり，[1 0], [0 1] 方向の面にはキンクはなく，[1 1] 方向にキンクが最

(a) 極表示

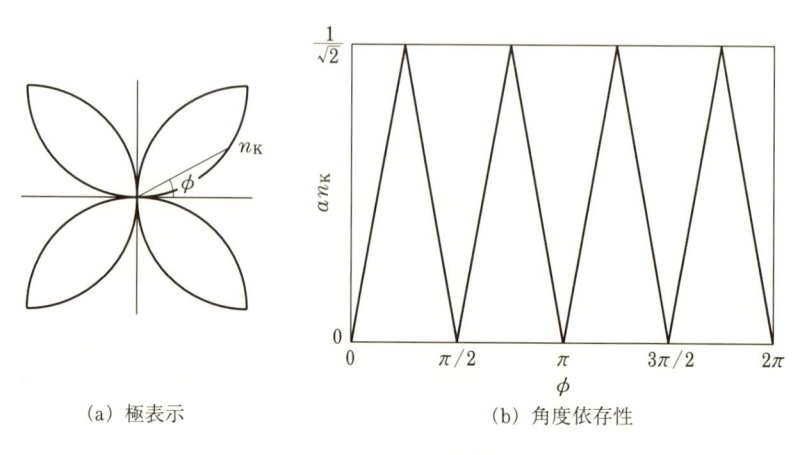

(b) 角度依存性

キンク密度 $n_{\rm K}$ の方向依存性

も多い．$n_{\rm K}$ の方位依存性は図のようになる．

第 5 章

[1] 核が1個できるまでの時間と多核成長で面を覆うまでの時間とが等しければ移り変りが起きるので，
$$\tau = \frac{1}{j_{\rm n}A} \approx (j_{\rm n}v_0^2)^{-1/3}$$
より与式を得る．

[2] 一層完成するまでの時間 $\tau = (j_{\rm n}v_0^2)^{-1/3}$ の間にできる核の個数は $N_n = j_{\rm n}A\tau$ であった．したがって，1つの核の占有面積は $A/N_n \approx l^2$ で与えられるので，与式を得る．実は，この問題は前問[1]と同じである．核の間隔が l であるので，面積 l^2 の中には別の核がない．したがって，もともとの結晶の広さが面積 $A_{\rm c} = l^2$ なら，単一核成長しかできない．

[3] 核の間隔 l とステップ間隔 λ を比較して，$l > \lambda$ ならよい．つまり，核形成頻度 $j_{\rm n}$ が小さいか，核の成長する速さ（すなわち，ステップの前進する速さ）v_0 が速ければ，核形成が起きる前にステップが結晶表面を掃いていってしまう．

[4] $\Delta\mu$ が大きくなるとステップ間隔 λ が小さくなり，結晶表面に吸着した原子を隣り合うステップが奪い合う．そこでステップの前進速度はステップ間隔に比例するようになる．もちろん，この範囲内にたくさんの原子が蒸着してくるの

で，v は蒸着率 $\Delta\mu$ にも比例している．そこで，ステップの前進速度は $v \propto \Delta\mu\lambda$ = 一定 に近づく．したがって，法線方向への結晶成長速度は $V = av/\lambda \propto \Delta\mu$ という線形則に近づく．くわしい計算をすれば，実は理想的成長則に近づくことが示せる．

第 6 章

[問1] 線形微分方程式の一般解は $T(z') = e^{pz'}$ とおいて，(6.6) に代入し，p を求めればよい．代入すると $-Vp = D_T p^2$ となるので，解は $p_1 = 0$ または $p_2 = -V/D_T = -2/l_D$ である．したがって，一般解は2つの指数関数の重ね合せとして，$T(z') = C_1 e^{p_1 z'} + C_2 e^{p_2 z'} = C_1 + C_2 e^{-2z'/l_D}$ となる．これを書き直せば，(6.7) を得る．

[問2] (6.14)を微分すれば，$dT(r)/dr = -A/r^2$, $d^2T/dr^2 = 2A/r^3$ となるので，代入すれば (6.13) を満足していることがわかる．

[1] (1) 毛管長は (6.27) より $d = \gamma T_M C_P/(\Delta H)^2 = 2.77 \times 10^{-7}$ cm となり，これは原子よりちょっと大きい程度である．
  (2) 拡散長は (6.8) より $l_D = 2D_T/V = 2.32 \times 10^{-2}$ cm と長い．両者の幾何平均である安定化の長さ (6.28) は $\lambda_s = \sqrt{dl_D} = 0.80 \times 10^{-4}$ cm とマイクロメートル程度になる．
  (3) 安定性パラメーターの定義 (6.29) より $\sigma = (\lambda_s/R)^2 = 0.026$ となる．

[2] 溶液が結晶と熱平衡にあるときの濃度を C_{eq} とすると，それよりも溶液中の濃度 C_∞ を上げれば過飽和になって結晶は成長するはずである．しかし溶質分子が結晶化すると分子の不足が生じ，界面では濃度 C_i が下がってくる．すると界面付近に濃度勾配ができ，分子が拡散して界面に流れ込む．流れ込む拡散流は濃度勾配に比例していて，$\boldsymbol{J} = -D_c \nabla C$ で与えられる．ここで D_c は物質拡散定数である．さて界面が一部突出すると，この付近では溶質分子が結晶に奪われるので減り，濃度勾配がきつくなる．そこでさらに分子が拡散してくるので，突出部はますます加速して突き出していく．このように過飽和希薄溶液中の結晶成長も界面不安定性を示す．

[3] 結晶の側が冷えていると，潜熱は結晶側に逃げていく．そこで，成長中に一部が速く成長して温かい液相中に突き出すと，結晶内での等温面の間隔は図 6.2(c) のように広がり，熱の流れが小さくなる．つまり熱があまり逃げないので，

この部分は暖められて成長が遅くなる．したがって，やがて平らな界面にもどってしまう．このように，結晶の成長方向と熱の逃げる方向が異なると，平らな界面が安定といえる．

[4]　結晶が成長するのではなく，融けていくときの界面の安定性の問題である．潜熱を吸収しているので，界面には結晶側から熱が流れ込んでいる．そこで，速く融けて結晶側に突き出した液体部分には周りの結晶からたくさん熱が流れ込んでくるので，ますます融けやすくなり，界面は不安定となる．

第 7 章

[1]　平均値は

$$\langle M_1 \rangle = \sum_{M_1=0}^{M} M_1 \frac{M!}{M_1!(M-M_1)!} \left(\frac{1}{2}\right)^M$$
$$= \frac{M}{2} \sum_{M_1=1}^{M} \frac{(M-1)!}{(M_1-1)!(M-M_1)!} \left(\frac{1}{2}\right)^{M-1} = \frac{M}{2}$$

と計算される．ここで，第2の等式では分母が $M_1!$ から $(M_1-1)!$ に減る分，分子も $M! = M(M-1)!$ と分けた．すると，和は (7.2) と同じになるので，1 と計算される．同様に分子，分母を2ずつずらすことで

$$\langle M_1(M_1-1) \rangle = \sum_{M_1=0}^{M} M_1(M_1-1) \frac{M!}{M_1!(M-M_1)!} \left(\frac{1}{2}\right)^M$$
$$= \frac{M(M-1)}{4} \sum_{M_1=2}^{M} \frac{(M-2)!}{(M_1-2)!(M-M_1)!} \left(\frac{1}{2}\right)^{M-2}$$
$$= \frac{M(M-1)}{4}$$

と簡単に計算され，これに $\langle M_1 \rangle$ を足せば与式を得る．$\langle x^2 \rangle$ は定義に $\langle M_1^2 \rangle$，$\langle M_1 \rangle$ を代入して，

$$\langle x^2 \rangle = \langle (2M_1-M)^2 \rangle a^2 = [4\langle M_1^2 \rangle - 4\langle M_1 \rangle M + M^2] a^2$$
$$= [M(M+1) - 2M^2 + M^2] a^2 = Ma^2 = \frac{a^2 t}{\tau_s}$$

と計算される．

[2]　温度 T でステップの単位長さ a 当りに＋キンクのできる確率は $p_+ = an_K/2$，−キンクのできる確率も同じで $p_- = p_+$，残り $p_0 = 1 - an_K$ はキンクのできない確率である．長さ x の中にはキンクのできうる位置が x/a 個あるが，そのうち＋キンクが N_+ 個，−キンクが N_- 個，残り $N_0 = x/a - N_+ - N_-$ 個にはキンクがないとする．このとき $y(x)$ と $y(0)$ との差は $y(x) - y(0) =$

$(N_+ - N_-)a$ である．また，この状態の実現確率は

$$\Pr(N_+, N_-) = \frac{\left(\frac{x}{a}\right)!}{N_+!\, N_-!\, N_0!}\, p_+^{N_+} p_-^{N_-} p_0^{N_0}$$

で，すべての状態について和をとれば

$$\sum_{N_+=0}^{x/a} \sum_{N_-=0}^{x/a-N_+} \Pr(N_+, N_-) = 1$$

と規格化されている．これを用いて平均値を計算すると，

$$\langle N_+ \rangle = \langle N_- \rangle = \frac{x}{a} p_+$$

$$\langle N_+(N_+ - 1) \rangle = \langle N_-(N_- - 1) \rangle = \langle N_+ N_- \rangle = \frac{x}{a}\left(\frac{x}{a} - 1\right) p_+^2$$

となる．したがって，$\langle \{y(x) - y(0)\}^2 \rangle = \langle (N_+ - N_-)^2 \rangle a^2 = 2p_+ a x$ となり，与式を得る．

[3] （1） $D_s = 2.8 \times 10^{-10}\,\mathrm{m^2/s}$
（2） $\tau = 16\,\mathrm{s}$, $\quad \sqrt{\langle r^2 \rangle} = \sqrt{4 D_s \tau} = 1.3 \times 10^{-4}\,\mathrm{m}$

[4] （1） N 個の場所に $J\tau$ 個の原子がいるので，平均的には $p = J\tau/N$ となる．

（2） (7.1) と同じように考えて，

$$\Pr(M_1) = \frac{M!}{M_1!\,(M - M_1)!}\, p^{M_1} q^{M-M_1}$$

（3） [1] と同じように計算トリックを使って

$$\langle M_1 \rangle = Mp = \frac{Jt}{N}$$

$$\langle M_1(M_1 - 1) \rangle = M(M - 1)\, p^2$$

となる．これより

$$\langle (\delta M_1)^2 \rangle = \langle M_1^2 \rangle - \langle M_1 \rangle^2 = Mpq$$

$$= \frac{t}{\tau} \frac{J\tau}{N} \left(1 - \frac{J\tau}{N}\right) \rightarrow \frac{Jt}{N}$$

ただし，最後の表式は $\tau \to 0$ のときに成り立つ．

[5] 新たな変数 $c_\infty = F\tau$, $x_s^2 = D_s \tau$ を導入すると，定常近似した表面拡散方程式は

$$\frac{d^2 c}{dx^2} - \frac{c - c_\infty}{x_s^2} = 0$$

と書かれる．これを解くと

$$c(x) = c_\infty + A e^{-x/x_s} + B e^{x/x_s}$$

となる．$x > 0$ のとき，$x \to +\infty$ で濃度が発散しないためには $B = 0$ でなけれ

ばいけない．また，$x=0$ で平衡濃度であることから，もう一つの積分定数が $A = c_\text{eq} - c_\infty$ と定まる．$x < 0$ についても同様に考えると，$A = 0, B = c_\text{eq} - c_\infty$ となる．したがって，濃度は $c(x) = c_\infty + (c_\text{eq} - c_\infty)e^{-|x|/x_s}$ とまとめられる．

[6] 高さ z の変化の式に流れの表式 $J = K\rho$ を代入すると，
$$\frac{\partial z}{\partial t} = -K\frac{\partial \rho}{\partial x} = -K\frac{\partial^2 z}{\partial x^2}$$
となる．これは負の拡散係数をもつ拡散方程式になるので不安定である．平らな面からのゆらぎが波数 k をもつ周期的なものだとして，$z(x, t) = z_k e^{\omega t} \cos kx$ とおき，上の式に代入すると，$\omega = Kk^2 > 0$ となってゆらぎが時間と共に指数関数的に大きくなっていくのがわかる．このようにマウンド不安定性が生じる．

あ と が き

　本書では，結晶成長の初歩を物理の観点から眺めた．

　結晶成長は1次相転移が時間と共に進行していくという側面に注目すると，非平衡の統計力学が重要な分野である．そこで本書では，1成分の純粋物質から成る結晶の誕生と成長の過程に限ってではあるが，単純な理想論から複雑な要因の絡み合う現実にまでにわたって，幅広く統計力学的に説明した．この他にも，多成分から成る合金の結晶成長も興味深く重要な話題であり，多様な相図に起因するさまざまな界面不安定性と形態形成が可能であるが，それらについては紙数の都合で割愛せざるを得なかった．

　結晶成長は本来，広く学際的複合学問の趣きをもっている．物質や熱の輸送に対し流れが多大な効果をおよぼすため，流体力学やそこでみられる対流，乱流などの多種の不安定性は結晶成長に大きな影響をおよぼす．また，結晶中への転位，空孔，不純物などさまざまの欠陥の導入やそれにともなう格子歪みの理解には弾性論，転位論が必要である．特に，表面でのヘテロエピタキシーには格子不整合に由来する歪みが生じ，弾性論の理解が不可欠である．

　以上はマクロなスケールの結晶成長を議論するときに必要な学問分野である．しかし最近では半導体の微細構造化が進み，原子のサイズ，ナノメートル・スケールの結晶表面の制御が要求されている．それには，もっとミクロな量子力学に基づく結晶成長の理解が必要となってきている．第一原理計算とよばれる物質の電子状態を決める数値計算法を用いて各種の物性パラメーターを決定し，表面構造の変化や結晶成長様式の変化を予測できるようになってきた．

　一方，結晶成長は物作りの技術，アートでもある．我々の周りにあるさま

ざまな機器には，形が変らず，したがって機能に信頼性のおける固体状のものが多い．新しい機能は新しい素材の発明によって可能であり，新しいものを作ることが非常に重要である．新しい材料を作り，それを大きくし，完全性を高め，目的に応じた特性，機能を付与するために，さまざまの結晶作成法が考案されている．結晶成長の科学は，天然の鉱物や結晶の成長機構の探求と同時に，これら技術の向上を追及する中から生まれてきた．今後も，科学の理解と技術の革新が手を携えて進展していくことを期待しよう．

結晶成長に関しては日本語の教科書も既にいくつか出ている．
1) 黒田登志雄：「結晶は生きている」（丸善，1984）
   教科書スタイルではないが，結晶成長の初歩を実験事実を交えながら平易に，しかも理論的思考過程も丁寧に書いてある名著．
2) 上羽牧夫：「結晶成長のしくみを探る」（共立出版，2002）
   本書と似た内容だが，少しレベルが高い教科書．熱統計力学，微分方程式などがきちんと説明されている．なおこれは，シリーズ「結晶成長のダイナミクス（全7巻）」の中の1巻であり，結晶成長のさまざまな局面に興味をもたれた方は，本シリーズを読まれるとよい．
3) 大川章哉：「結晶成長」（裳華房，1977）
   ちょっと古いが，結晶成長の大学院向け教科書．2成分系，転位の構造なども議論されている．

また結晶成長に関する学会としては，日本には
　　　　　日本結晶成長学会：http://wwwsoc.nii.ac.jp/jacg/
があり，3年に1回，国際会議も開かれている．

付　　表

添字と記号が多数出てきたので，その意味を表にまとめる．

1. 添字の意味

添字	意　味
A	吸着原子
c	臨界
D	拡散
eq	平衡
G	気相
i	界面
K	キンク，カイネティク
L	液相
M	融解
n	結晶核，核形成
R	ラフニング
S	結晶，基板
s	ステップ，表面，安定化
T	温度
W	壁

2. 記号の意味と単位

記号	意　味	定　義	単　位
α	ジャクソンのアルファパラメーター	$\alpha = z_s \Delta h / z k_B T$	
β	ステップの自由エネルギー密度		J/m
γ	界面(表面)自由エネルギー密度		J/m²
$\tilde{\gamma}$	界面(表面)スティフネス	$\tilde{\gamma}(\theta) = \gamma + d^2\gamma/d\theta^2$	J/m²
$\tilde{\Delta}$	無次元過冷却度	$\tilde{\Delta} = C_P(T_M^0 - T_\infty)/\Delta H$	

付　表

記号	意味	定義	単位
$\Delta\mu$	化学ポテンシャルの差	$\Delta\mu = \mu_L - \mu_S$	J
ΔF_c	3次元臨界核生成エネルギー	$\Delta F_c = 16\pi v_S^2 \gamma^3 / 3\Delta\mu^2$	J
$\Delta F_{2,c}$	2次元臨界核生成エネルギー	$\Delta F_{2,c} = \pi\beta^2 a_S / \Delta\mu$	J
ΔH	体積当りの潜熱	$\Delta H = \Delta h / v_S$	J/m^3
Δh	1分子当りの潜熱	$\Delta h = h_L - h_S$	J
	1分子当りの昇華熱	$\Delta h = h_G - h_S$	J
Δs	比エントロピーの跳び	$\Delta s = s_L - s_S$	J/K
ΔT	過冷却温度	$\Delta T = T_M - T$ または $T_M^0 - T_\infty$	K
Δv	比体積の跳び	$\Delta v = v_L - v_S$	m^3
ε_K	キンクエネルギー		J
η	粘性係数		Pa·s
θ	微斜面の傾き角		
λ	ステップ間隔，テラス幅		m
λ_S	安定化の長さ	$\lambda_S = \sqrt{dl_D}$	m
μ	化学ポテンシャル		J
ν	格子振動数		1/s
ρ	体積密度		kg/m^3
σ	安定性パラメーター	$\sigma = dl_D / R^2$	
τ	蒸発までの吸着原子の寿命		s
τ_S	吸着原子のジャンプまでの待ち時間		s
ϕ	ステップの傾き角		
A	面積		m^2
A	ステップ間相互作用の強さ		J·m
a	原子の大きさ，格子定数		m
a_S	結晶1分子当りの面積	$a_S = a^2$	m^2
C	溶液濃度		1/m^3
C_P	体積当りの定圧比熱		J/K·m^3
c	吸着原子の表面濃度		1/m^2
c_V	1分子当りの定積比熱		J/K
D	拡散定数		m^2/s
D_f	フラクタル次元		
D_S	表面拡散定数		m^2/s
D_T	温度伝導率，熱拡散定数		m^2/s
d	空間次元		
d	毛管長	$d = C_P T_M^0 \gamma / \Delta H^2 = R_c \tilde{\Delta}/2$	m
d_K	カイネティクの長さ	$d_K = C_P T_M^0 D_T / K_T \Delta H$	m
E	内部エネルギー，エネルギー		J
E_d	拡散のエネルギー障壁		J

記号	意味	定義	単位
F	ヘルムホルツの自由エネルギー	$F = E - TS$	J
F	蒸着率		$1/m^2 \cdot s$
G	ギブスの自由エネルギー	$G = E - TS + PV$	J
g	重力加速度	$g = 9.8$	m/s^2
H	エンタルピー	$H = E + PV$	J
h	比エンタルピー	$h = H/N$	J
h	法線距離, 垂線の長さ, 高さ		m
J	原子間相互作用エネルギー		J
$\mathbf{J}$	熱流束		$J/m^2 \cdot s$
J_n	3次元核生成頻度		$1/m^3 \cdot s$
j_n	2次元核生成頻度		$1/m^2 \cdot s$
K	カイネティク係数		m/s
k	熱伝導率		$J/K \cdot m \cdot s$
k_B	ボルツマン定数	$k_B = 1.38 \times 10^{-23}$	J/K
L	ステップの長さ		m
l	核間距離		m
l_D	温度拡散長	$l_D = 2D_T/V$	m
m	分子の質量		kg
m_{H_2O}	水の分子量	$m_{H_2O} = 18$	
N	粒子数		
N_A	アヴォガドロ数	$N_A = 6.02 \times 10^{23}$	1/mol
$\mathbf{n}$	法線ベクトル, 方向		
n_K	キンク数密度		1/m
O	ウルフ点		
P	圧力		$Pa = N/m^2$
Pe	ペクレ数	$Pe = R/l_D$	
Q	熱		J
R	球の半径, 3次元曲率半径		m
R_1, R_2	曲面の主曲率半径		m
R_c	3次元臨界核半径	$R_c = 2v_S\gamma/\Delta\mu$ $\approx 2C_P T_M^0 \gamma/\Delta H^2 \tilde{\Delta}$	m
r	円の半径, 2次元曲率半径		m
$\mathbf{r}$	位置ベクトル		m
r_c	2次元臨界核半径	$r_c = \beta a_S/\Delta\mu$	m
S	エントロピー		J/K
s	比エントロピー	$s = S/N$	J/K
T	温度		K
T_M	融点, 融解温度		K

記 号	意 味	定 義	単 位
T_R	ラフニング温度		K
t	時間		s
V	体積		m^3
V	結晶成長速度		m/s
v	比体積	$v = V/N$	m^3
v	ステップ前進速度		m/s
v_s	結晶1分子の比体積	$v_s = a^3$	m^3
W	重率		
W	仕事		J
x, y, z	空間長さ		m
x_s	表面拡散長	$x_s = \sqrt{D_s \tau}$	m
z	最近接結合数		
z_s	面内の最近接結合数		

索　引

ア

アインシュタイン‐ストークスの関係式　43
アブラミ‐コルモゴロフ‐ジョンソン‐メールの式　56
アルキメデスのらせん　89
安定化の長さ　107,108
安定性パラメーター　108

イ

1次相転移　11,16
イヴァンツォフ
　——の解　101,105
　——の関係　102
イジング模型　76
異方性　24,109

ウ

ウィルソン‐フレンケル則　44,45,93
ウルフ
　——点　26
　——の関係式　26,31,51,52
　——の作図法　27,39
　——の定理　39
渦巻き成長　86,87

エ

エネルギー　3
　——保存則　5,94
　キンク——　71
　昇華——　73
　ステップ——　74
　内部——　2
　表面——　69
エピタキシャル成長　113
エーリッヒ‐シュウェーベル (ES) 効果　122,123,125,126,128
エンタルピー　5
　比——　10
エントロピー　3,64,75
　比——　7

オ

温度拡散長　95
温度勾配　91,93

カ

カイネティク係数　44,48,50,54,72,83,93
カイネティクス　81
　——の長さ　98,99
界面　17
　——自由エネルギー密度　19,28
　——スティフネス　30,109
　——張力　27
　——不安定性　91,92
化学ポテンシャル　5,6,7,9
核形成　16,22,31,41
　——の頻度　23,25,39,55,83
拡散長　102,104,106,108
　温度——　95
　表面——　130
拡散定数　43
拡散方程式　94,95,118,119
　表面——　119
拡散律速凝集体　103
確率　22,116
過飽和度　49
過冷却度　12,16
　無次元の——　96,100,102,109
完全濡れ　34

キ

幾何学的選別　36
気相成長　45
気体分子運動論　46
基板単結晶　113
ギブス‐デューエムの

156　索　引

関係式　7
ギブス-トムソンの関係
　式　20,30,98
ギブスの自由エネルギー
　5
キンク　59,73,115
　——位置　61
　——エネルギー　71
　——密度　77,78
球状結晶　97
吸着原子　59,116
凝固　42
共存　9
局所平衡　97
曲率半径　108
　主——　31
巨視的状態　3
均一核生成　17,22

ク

駆動力　11
クラウジウス-クラペイ
　ロンの関係　13

ケ

形態形成　91
結晶化　59
結晶成長速度　85

コ

固液共存線　9
コッセル模型　69
混合　13

サ

3次元核生成　16,17

シ

示強性　4,7
示量性　4,7
自己相似性　104
自由エネルギー
　界面——密度　19,28
　ギブスの——　5
　ステップ——　62,
　　63,65,66,67,77,82
　表面——　67
　ヘルムホルツの——
　　5,19
　臨界核形成の——
　　21,35,41,83
ジャクソンの平均場近似
　75
重率　4
主曲率半径　31
樹枝状結晶　91,105,108
寿命　129,130
準安定状態　16
昇華　45
　——エネルギー　73
　——熱　61
晶相変化　53
晶癖変化　53,55
状態図　8
蒸着　45
　——率　47,119,120

ス

スティフネス　31,40
　界面——　30,109
ステップ　59,115
　——エネルギー　74
　——間相互作用　72
　——自由エネルギー
　　62,63,65,66,67,77,
　　82
　——密度　66
　——フロー成長　125
ストランスキー-クラス
　ターノフ(SK)　115

セ

成長形　50
成長速度　44,47,50,51,
　84,89,96,98,100
　結晶——　85
潜熱　10,11,13,38,91,
　93

ソ

相　1
相図　8
相転移　1,5,59
　1次——　11,16
　ラフニング——　63
　連続——　66
速度選択則　108

タ

多核様式　84
蛇行　125

索　引　157

単一核様式　84

チ

チンダルの花　112

テ

DLA　103,121
定常成長　96,100,101
テラス　59,115

ト

統計力学　22
特異面　61,68,71,120
特徴的長さ　100,102,104,108

ナ

内部エネルギー　2

ニ

2次元核形成　81
2乗平均ゆらぎ　117

ヌ

濡れ　32,114
　　完全——　34
　　部分——　33

ネ

熱拡散流　92
熱伝導　91,94
　　——方程式　93
　　——率　93
熱ゆらぎ　23
熱力学の第1法則　5

熱力学の第2法則　5,6
粘性係数　43,35
粘性突起　110

ノ

濃度　118

ハ

針状結晶　101
バンチング　126

ヒ

比
　　——エンタルピー　10
　　——エントロピー　7
　　——体積　7
微視的状態　2
微斜面　67〜72,77,78,124〜128
表面　17
　　——エネルギー　69
　　——密度　18
　　——カイネティクス　42
　　——拡散　115,120,130
　　——長　130
　　——定数　119
　　——自由エネルギー　67
　　——密度　17
　　——張力　18,93,105,109

フ

ファセット　58,78
フラクタル　104
　　——結晶　103
　　——次元　104
フランク-バン デル メルベ(FM)　33,114
不可逆性　6
不均一核生成　17,31,41
不純物　128
不連続転移　11
付着成長　42
物質拡散　94
部分濡れ　33
分子線エピタキシー　46,120

ヘ

平衡形　26,39,78
平面界面　95
ペクレ数　100,102,108
ヘテロエピタキシー　114
ヘリングの関係式　27,31,40,109
ヘルツ-クヌーセンの式　47
ヘルムホルツの自由エネルギー　5,19

ホ

ホモエピタキシー　114,115
ボルツマン

——定数 4
——の公式 4
ボルマー‐ウェーバー (VW) 33, 114

マ

マウンド不安定性 122, 124, 130
マリンズ‐セケルカ不安定性 91, 92, 125
待ち時間 117

ム

無次元の過冷却度 96, 100, 102, 109

モ

毛管長 108, 108
毛細管現象 18, 37

ヤ

ヤングの関係式 33

ユ

融液 42
——成長 42
融解温度 10
輸送過程 42
ゆらぎ 22, 129
　2乗平均—— 117
　熱—— 23

ヨ

溶液 94
——成長 48

ラ

らせん転位 86, 87
ラフニング 58
——温度 63, 66, 76, 77, 78
——相転移 62, 73, 75
ラプラスの関係式 20
ラプラスの方程式 97
乱雑さ 3

リ

理想気体 12
理想的成長 42
——則 98
臨界核 18, 120
——形成の自由エネルギー 21, 35, 41, 83
——半径 21, 35, 39, 55, 82

レ

連続相転移 66

著者略歴

1948年生まれ．東京都出身．東京大学理学部物理学科卒，同大学院理学系研究科物理学博士課程修了．ドイツ・ユーリッヒ原子力研究所ポスドク，常任研究員，慶應義塾大学理工学部物理学科専任講師，助教授，教授を経て，現在，同名誉教授．理学博士．

主な著書：「*Statistical Physics of Crystal Growth*」(World Scientific, Singapore, 1996)

裳華房フィジックスライブラリー　**結晶成長**

2002 年 11 月 20 日　第 1 版 発 行
2009 年 1 月 15 日　第 4 版 発 行
2022 年 3 月 10 日　第 4 版 5 刷発行

検印省略

定価はカバーに表示してあります．

増刷表示について
2009 年 4 月より「増刷」表示を「版」から「刷」に変更いたしました．詳しい表示基準は弊社ホームページ
http://www.shokabo.co.jp/
をご覧ください．

著作者　　齋藤　幸夫（さいとう　ゆきお）
発行者　　吉野　和浩
　　　　　〒102-0081
発行所　　東京都千代田区四番町 8-1
　　　　　電話　03-3262-9166
　　　　　株式会社　裳華房
印刷所　　横山印刷株式会社
製本所　　牧製本印刷株式会社

一般社団法人
自然科学書協会会員

JCOPY 〈出版者著作権管理機構 委託出版物〉
本書の無断複製は著作権法上での例外を除き禁じられています．複製される場合は，そのつど事前に，出版者著作権管理機構（電話03-5244-5088，FAX 03-5244-5089，e-mail: info@jcopy.or.jp）の許諾を得てください．

ISBN 978-4-7853-2213-7

©齋藤幸夫，2002　　Printed in Japan

裳華房の物性物理学分野等の書籍

物性論 （改訂版）ー固体を中心としたー
黒沢達美 著　　　定価 3080円

固体物理学 ー工学のためにー
岡崎 誠 著　　　定価 3520円

固体物理 ー磁性・超伝導ー （改訂版）
作道恒太郎 著　　　定価 3080円

量子ドットの基礎と応用
舛本泰章 著　　　定価 5830円

◆ 裳華房テキストシリーズ - 物理学 ◆

量子光学
松岡正浩 著　　　定価 3080円

物性物理学
永田一清 著　　　定価 3960円

固体物理学
鹿児島誠一 著　　　定価 2640円

◆ フィジックスライブラリー ◆

演習で学ぶ 量子力学
小野寺嘉孝 著　　　定価 2530円

物性物理学
塚田 捷 著　　　定価 3410円

結晶成長
齋藤幸夫 著　　　定価 2640円

◆ 新教科書シリーズ ◆

材料の工学と先端技術
北條英光 編著　　　定価 3740円

入門 転位論
加藤雅治 著　　　定価 3080円

◆ 物性科学入門シリーズ ◆

物質構造と誘電体入門
高重正明 著　　　定価 3850円

液晶・高分子入門
竹添・渡辺 共著　　　定価 3850円

超伝導入門
青木秀夫 著　　　定価 3630円

磁性入門
上田和夫 著　　　定価 2970円

電気伝導入門
前田京剛 著　　　定価 3740円

◆ 物理科学選書 ◆

X線結晶解析
桜井敏雄 著　　　定価 8800円

配位子場理論とその応用
上村・菅野・田辺 著　定価 7480円

◆ 応用物理学選書 ◆

X線結晶解析の手引き
桜井敏雄 著　　　定価 5940円

マイクロ加工の物理と応用
吉田善一 著　　　定価 4620円

◆ 物性科学選書 ◆

強誘電体と構造相転移
中村輝太郎 編著　　　定価 6600円

化合物磁性 ー局在スピン系
安達健五 著　　　定価 6160円

化合物磁性 ー遍歴電子系
安達健五 著　　　定価 7150円

物性科学入門
近角聰信 著　　　定価 5610円

低次元導体 （改訂改題）
鹿児島誠一 編著　　　定価 5940円

裳華房ホームページ https://www.shokabo.co.jp/　　※価格はすべて税込（10%）